城市轨道交通
车站客流集散优化控制

OPTIMIZATION-BASED CONTROL OF PASSENGER
FLOW DISTRIBUTION IN SUBWAY STATIONS

张　蜇　贾利民◇著

中国建筑工业出版社

图书在版编目（CIP）数据

城市轨道交通车站客流集散优化控制／张蜇，贾利民著. —北京：中国建筑工业出版社，2020.6
ISBN 978-7-112-25012-7

Ⅰ.①城…　Ⅱ.①张…　②贾…　Ⅲ.①城市铁路－铁路车站－建筑设计　Ⅳ.①TU248.1

中国版本图书馆CIP数据核字（2020）第057856号

城市轨道交通车站是大量客流的集散地。伴随路网规模的不断扩大和客流负荷量的不断提高，车站运营管理工作难度随之增大。如何在车站基础设施能力约束下保障客流有序集散，对提高城市轨道交通的服务质量具有重要意义。本书以城市轨道交通车站为研究对象，在以往研究的基础上，面向乘客服务水平需求，率先提出了车站导向标识布局方法和面向车站智能管控、乘客服务需求的车站通道客流和集散客流控制模型与方法。

本书可作为综合客运枢纽的运营管理者、设计人员及相关科研工作人员的参考用书。

责任编辑：李玲洁
责任校对：焦　乐
书籍设计：锋尚设计

城市轨道交通车站客流集散优化控制

张　蜇　贾利民　著

*

中国建筑工业出版社出版、发行（北京海淀三里河路9号）
各地新华书店、建筑书店经销
北京锋尚制版有限公司制版
北京建筑工业印刷厂印刷

*

开本：787×1092毫米　1/16　印张：10¼　字数：180千字
2020年6月第一版　2020年6月第一次印刷
定价：50.00元
ISBN 978-7-112-25012-7
（35759）

随着科学技术和生产力的飞速发展，现代社会实践在空间活动范围上越来越大、时间尺度变化上越来越快、层次结构上越来越复杂、效果和影响上越来越广泛和深远。这句话也充分体现在了现代城市客运交通枢纽的发展上。城市轨道交通车站不断朝着方式一体化、功能多元化、空间立体化、结构网络化方向发展，其集散功能结构已经成为较为复杂的服务网络。

要充分发挥城市交通网络的整体效益，必须要高度重视城市轨道交通车站效能的提高和完善，以创建友好的交通换乘环境，为乘客提供满意的交通换乘服务。因此，我国正在积极开展综合客运枢纽规划、设计和建设方面的探索和实践，城市轨道交通车站客流集散优化控制是一个不容忽视的研究内容，迫切需要进行相关理论和方法的深入研究。

本书是由国家自然科学基金项目"综合客运枢纽动态导向服务决策研究"（71801009）与中央高校基本科研业务费专项资金"轨道交通车站客流序化控制方法研究"（2019RC037）的资助编写而成，主要是为城市轨道交通车站设计、建设和运营管理人员提供参考，同时为与此相关的理论研究提供支撑。本书由北京交通大学张蜇博士和贾利民教授共同撰写，共包含10章，具体分工为：张蜇博士完成第3章至第9章的撰写，贾利民教授完成第1章、第2章和第10章的撰写。

书稿的完成非常感谢北京交通大学参与国家自然科学基金项目研究的有关同志的大力配合，以及课题组各位老师和同学们的大力支持和给予的宝贵建议。在本书的编写过程中，参阅了大量的国内外文献，并引用了有关专家以及同行论著中的部分观点和材料，在此向他们表示衷心的感谢和敬意，同时也要感谢中国建筑工业出版社为本书顺利出版所付出的工作。

由于时间仓促和水平有限，本书仍有不尽如人意之处，恳请读者给予批评和指正。

目　录

第4章 基于序化控制的城市轨道交通车站导向标识布局设计

第5章 基于特征融合的车站导向服务网络设计

第6章 地铁北京南站换乘层导向服务网络设计

第7章　基于系统动力学的车站客流集散建模

第8章　城市轨道交通车站通道客流控制

第9章　基于服务水平的城市轨道交通车站客流集散分层控制

 总结与展望

第1章 绪论

1.1 城市轨道交通发展概述

随着我国社会经济的快速发展和城市化水平的提高，城市人口数量逐年增加，人们对交通需求也随之逐渐增长。由于城市地面交通运能已趋于饱和，公众出行需求的大幅增长使得城市地面交通运能供给与客流需求不平衡问题愈发突出，仅靠单一的交通方式已不能满足日益增长的交通需求。该问题是制约城市发展的主要瓶颈之一，在这样的背景下，越来越多的大中城市将目光投向城市轨道交通建设。由于城市轨道交通具有用地省、运能大、准时、安全可靠等特点，该类交通方式逐渐成为缓解城市交通压力的一种重要交通方式。

近年来，我国城市轨道交通发展取得了重大成就。目前，我国正积极推进城市轨道交通的新建、改扩建工程，一座座现代化气息浓郁的新型地铁站如雨后春笋般挺立在城市客运交通网络的关键节点上。

1.1.1 国内轨道交通建设历程

轨道交通是基于固定线路的轨道，通过专用的轨道运输车辆，实现旅客及货物运输的交通方式，主要包括传统铁路（以传统铁路、高铁等为代表）和城市轨道交通（以地铁、轻轨、有轨电车等为代表）。城市轨道交通以轨道运输方式为主要技术特征，是城市公共客运交通系统中具有中等以上运量的轨道交通系统（有别于道路交通），主要为城市内公共客运服务（有别于城际铁路，但可涵盖郊区及城市圈范围），是一种在城市公共客运交通中起骨干作用的现代化立体交通系统，通常包括地铁、轻轨、单轨、市域快轨、现代有轨电车、磁浮交通、APM（Automated People Mover System，旅客自动运输系统）等形式。

中国城市轨道交通建设始于1965年开通的北京地铁1号线，此后相当长一段时间内，中国城市轨道交通发展较为缓慢。进入20世纪90年代及21世纪初，中国先后出现两次城市轨道交通建设高潮，当时各个城市纷纷推出地铁、轻轨修建规划，投资热情一度高涨，但考虑到财政实力，国家批准的项目并不多，且批准建设的项目基本集中在北京、上海和广州三地。

从中国城市轨道交通建设历程可以看出，2000年以来中国每年新运行轨道交通里程都在50km以上，有多个年份（2003年、2005年、2007年、2009年、2010年、2013年）通车里程在100km以上，2008—2018年这10年间新增26座城市开通城市轨道交通线路，显示出中国地铁及轻轨建设步入快速发展期（图1-1）。在"十二五"期间，我国城市轨道交通建设保持适度规模、积极稳妥的速度，合理控制新开工的项目。至2018年，济南、太原、厦门、佛山、常州、兰州、洛阳等二线城市已经开始进入城市轨道交通申建程序。城市轨道交通平均每公里投资7亿元，按照规划测算，一年投资超过3000亿元，我国城市轨道交通投融资创新空间巨大。

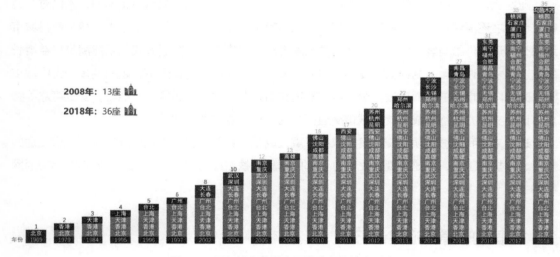

图1-1 历年城市轨道交通线路开通城市列表

（资料来源：http://www.360doc.com/content/19/0107/15/40512009_807234721.shtml）

1.1.2 轨道交通行业发展现状

纽约、伦敦、巴黎、莫斯科、东京等轨道交通较为发达的城市，基本已形成一定的轨道交通规模和网络，可以延伸到城市的各个方向。呈辐射状分布的城市轨道交通系统已成为这些现代化大都市的重要干线交通，不仅缓解了城市交通的拥挤状况，而且绿色环保，在城市的社会活动、经济活动中发挥着不可替代的重要作用。

根据《城市轨道交通2018年度统计和分析报告》，截至2018年年底，中国大陆地区共有

35个城市开通城市轨道交通运营线路185条，运营线路总长度5761.4km。拥有4条及以上运营线路且换乘站3座及以上、实现网络化运营的城市达16个，占已开通城轨交通运营城市总数的45.7%。地铁运营线路4354.3km，占比75.6%；其他制式城轨交通运营线路1407.1km，占比24.4%。当年新增运营线路长度728.7km。进入"十三五"三年来，累计新增运营线路长度为2143.4km，年均新增运营线路长度714.5km。

在客运量方面，2018年全年累计完成客运量210.7亿人次，同比增长14%，总进站量为133.2亿人次，总客运周转量为1760.8亿人公里。

在规划实施方面，2018年全年共完成城轨交通建设投资5470.2亿元，同比增长14.9%，在建线路总长6374km，可研批复投资额累计42688.5亿元。截至2018年年底，共有63个城市的城轨交通线网规划获批（含地方政府批复的19个城市），其中，城轨交通线网建设规划在实施的城市共计61个，在实施的建设规划线路总长7611km（不含已开通运营线路）。规划、在建线路规模稳步增长，年度完成建设投资额创历史新高。

在车站建设方面，截至2018年年底，全国城轨交通累计投运车站3394座（线网车站每个车站只计一次，换乘站不重复计算），其中换乘车站305座。拥有换乘站的城市达到26个，占已开通城轨交通城市的74.3%。据不完全统计，累计投运车辆段和停车场共计263座。

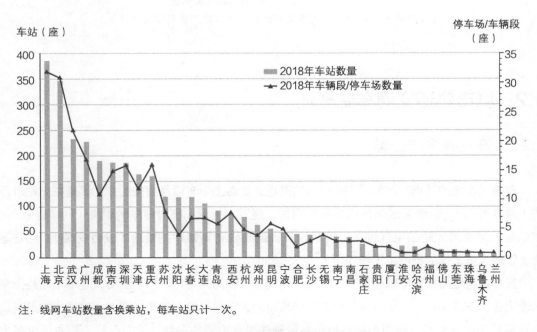

注：线网车站数量含换乘站，每车站只计一次。

图1-2　2018年各城市城轨交通投运站场

（资料来源：《城市轨道交通2018年度统计和分析报告》）

近年来，我国城市轨道交通整体建设速度较快，进入"十三五"以来线网密度有所提高。但是和欧美发达国家相比，我国城市轨道交通线网密度仍有所偏低。根据2018年末我国主要城市轨道交通投运长度，对比城区建成面积进行线网密度计算发现，目前上海市城市轨道交通线网密度为0.71km/km²，位列全国第一；北京以0.55km/km²的线网密度位列全国第二；但是和纽约、柏林以及东京都地区相比，我国城市轨道交通线网密度仍旧偏低。

线网密度

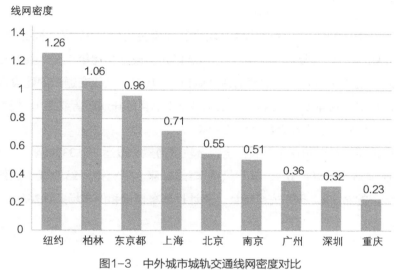

图1-3 中外城市城轨交通线网密度对比

（资料来源：中国城市轨道交通协会，由前瞻产业研究院整理）

1.2 城市轨道交通车站概述

1.2.1 车站概念与分类

车站是客流的节点，车站是乘客出行的基地，旅客上下车以及相关的作业都是在车站进行的（旅客乘降），轨道交通车站也是列车到发、通过、折返、临时停车的地点（列车作业）。车站是轨道交通线路的电气设备、信号设备、控制设备等集中的场所（设备安装），也是运营、管理人员工作的场所（工作场所）。

按车站与地面相对位置分为地下车站、地面车站和高架车站。顾名思义，地下车站是指车站设施建设在地表以下，地下车站可节约城市用地，但由于地下施工难度大，建设成本颇高，一般常见于地铁线路；地面车站是指车站设施建设在地表的车站，地面车站需要占用更多土地，对地面交通的干扰较大，但建设成本较低；高架车站是指车站设施皆架设于高架构造物之上、离地面有一定高空落差距离的车站，一般常见于轻轨线路。

按车站的运输功能划分，分为终点站（即始发站）、中间站和换乘站。终点站（即始发站）是设置在线路两端终点的车站；中间站是线路上数量最多的基本站型，主要供乘客乘降；换乘站是设置在两条及两条以上的轨道交通线路交叉点的车站。其特点是乘客可从一条线路换乘到另一条线路。

按车站站台形式划分，可分为岛式站台车站、侧式站台车站和混合式站台车站。岛式站台车站上、下行线分布在站台的两侧。岛式站台的优点是站台面积可以得到充分利用，便于集中管理，车站结构紧凑，设备使用率高，乘客换乘方便；缺点是对线路设计影响大，设计难度大、造价高。根据站台和线路数量的不同又可分为一岛式、两岛式等。

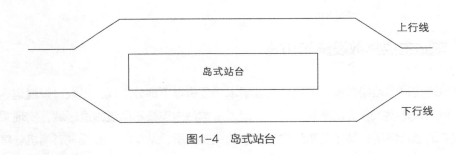

图1-4 岛式站台

侧式站台车站站台分布在上、下行线一侧。优点是站台的横向扩展余地大，双向乘客上下车无干扰，不易乘错方向，对线路设计影响不大，工程造价相对岛式站台低。缺点是站厅客流组织难度大，乘客容易下错乘车站台

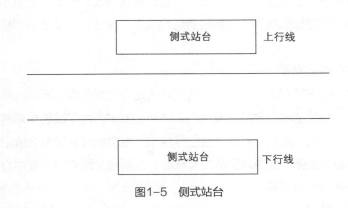

图1-5 侧式站台

混合式站台车站既有岛式站台，又有侧式站台的车站，如一岛两侧式、两岛一侧式等。一般多为终点站（始发站），设有道岔和信号联锁等设备。乘客可以在不同的站台上下车，方便车站的客流组织。

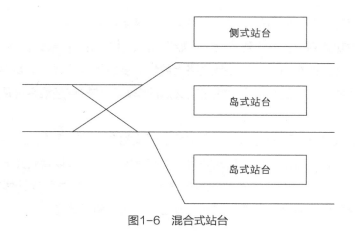

图1-6　混合式站台

1.2.2　车站主要集散设施和功能

城市轨道交通车站集散设施根据其功能需求一般由以下部分组成：出入口、通道、站厅、站台等。出入口是供乘客进出车站的门口；通道是车站内连接不同设施或区域，实现乘客在不同区域转换的通行场所；站厅是车站客流集散的主要场所，站厅内一般设置有闸机、售票机等车站设施；站台是乘客候车和上下车场所。另外，为了满足乘客在不同楼层之间转换需求，车站内也设置有楼梯、扶梯和直梯等设施。

城市轨道交通车站的主要功能包括：

（1）满足城市轨道交通系统高效运行和乘客集散需求

车站具有供列车停车、折返、检修、临时待避及客流集散、候车、上下车、换乘等功能，为满足安全、迅速、方便地组织乘客进出站的运营要求，车站同时又是城市轨道交通运营设备的集中设置地。

（2）带动城市的经济发展

从宏观上来看，设施完善的城市轨道交通车站的建设使城市内部不同区域之间的经济联系方便、快捷，因此，带动了城市经济的发展。从微观上来讲，由于城轨车站的建设改善了车站所在地区的可达性，因此，商业、办公、居住等城市其他功能设施用地会依附车站发展起来，使车站与周边用地融为整体，成为地区的发展核心，甚至成为城市的发展中心。

（3）提供多样化的城市服务

随着经济的不断发展，人们生活节奏的日益加快，因此，城市轨道交通车站的功能应不仅仅局限于其交通功能，还可以积极发展购物、金融、娱乐、餐饮等商业活动，甚至可以设置图书馆、小型电影院等文化设施，从而减少枯燥的等待时间，以满足旅客在换乘过程中的各种需求。

1.2.3 发展趋势与挑战

1. 城市轨道交通车站复杂的空间结构对车站导向服务能力提出挑战

不断朝着功能多元化、空间立体化、结构网络化、环境人性化方向发展的城市轨道交通车站，其内部结构配置立体，与多种交通运输方式衔接并协同工作，乘客流线复杂交织，形成了一个庞杂的网络化环境。复杂的车站结构降低了乘客对集散空间的认知能力，使得乘客更加容易产生空间困惑。

为了解决城市轨道交通车站客流引导问题，车站管理人员往往通过设置各种类型导向标识引导乘客进行进出站、换乘等各种交通活动。在地铁车站设计中，导向标识系统设计是非常重要的部分。人们处于地下车站空间，缺少判别方向的外部参照物，只能依靠导向标识引导行走路线及方向。以北京地铁为例，导向标识系统的建设已较为完善，基本能够帮助乘客在地下和地上车站空间顺利完成部分寻路和其他活动。但仍存在设置不合理的现象，地铁各条线路导向标识设计的内容、位置、形式上均有待改进之处。据相关研究表明，一些车站内约50%的人存在迷路或者寻路困难的问题，这对车站导向标识系统布局和设置的合理性和科学性提出了挑战。

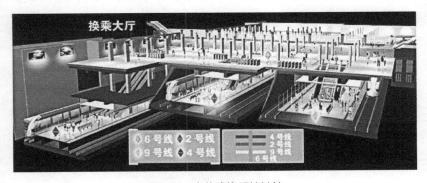

图1-7 立体式换乘地铁站

2. 车站客流的不断增长与车站集散能力不足之间矛盾的加剧对客流集散控制能力提出了更高的要求

北京、上海等城市的地铁客流量正在跳跃式地快速增长，这对地铁运营组织带来了巨大挑战。目前，最为明显的矛盾是路网运输能力与客流需求量之间的供求关系严重不平衡。特别是在高峰时段，车站集散能力远远不能满足客流量需求，客流拥堵问题特别严重。更为明显的是换乘车站，作为两条线路的交点，高峰时段客流量要比普通车站大很多，客流拥堵状况也要比普通车站严重。由于城市轨道交通系统是个封闭的运行环境，一旦一个车站由于过度拥挤引发踩踏事故，不但造成事故发生点延误，还会导致整条线路甚至路网的大面积拥堵，容易造成严重的人员伤亡及财产损失。网络布局、结构与客流强度、客流组织之间的控制管理将直接关系到枢纽内部客流的集散速度，并影响到综合运输网络系统的服务水平。

为了缓解客流拥挤压力和保障客运安全，运营管理部门通常在高峰时段对车站采取限流措施，在早晚高峰时段对客流进行控制，限制客流数量。对于此问题，北京市《城市轨道交通运营安全管理规范》中规定，当客流量达到承载能力的70%时，需要对客流控制，北京地铁早晚高峰共设置96个常规限流站，这些限流车站分布在15条线路上，截至目前，北京地铁线网中仅有燕房线、磁浮S1线、有轨电车西郊线这3条新线，还有机场线、15号线、16号线和房山线没有常规限流车站，常规限流车站数量占比约24.4%。为了缓解线网能力不足与大客流需求之间的矛盾，广州地铁出台了站控、线控和网控方案，在方案中明确设置主控车站和辅控车站，并指定了不同级别的客流控制措施。

然而大部分运营方对于客流控制指标和控制措施无定量化描述和科学建议，目前客流控制主要是以安全水平为考量，未涉及服务水平的管理。由于相关研究领域缺乏，既有的管控措施是依据地铁工作人员主观的经验直接来实施的，在控制的触发条件、位置、时间、控制指标等方面缺少科学依据，这样就增加了地铁车站高峰时段客流组织的难度，同时也降低了车站站的服务和安全水平。在城市轨道交通网络化进程快速发展背景下，迫切需要对高峰时段地铁站客流控制理论展开深入研究，亟需建立一套系统的科学理论与方法，解决地铁车站高峰期过饱和客流拥堵问题。现在城市轨道交通车站已经建立起车站覆盖率较高且性能良好的客流视频监测系统，对于如何利用车站内视频监测系统获取的实时客流数据辅助客流控制还未有足够而深入的研究。

1.3　主要内容和章节安排

1.3.1　主要内容

城市轨道交通车站客流集散网络受到人、设施、环境、管理等宏观因素的综合作用，客流集散过程的驱动和约束机制较为复杂，车站客流集散过程与基础设施之间的相互作用和相互影响使得客流集散规律表现出复杂系统的特性。因此，需要从系统和整体的角度来思考并揭示车站内集散客流的演变规律，从而获得对车站客流与集散设施关系以及不同组织和控制措施下客流状态演变的清楚认知，为城市轨道交通车站集散客流的优化控制提供有效的解决方法和途径。

本书基于城市轨道交通车站客流集散网络的组成，从客流组织和导向服务两个方面，构建面向车站智能管控和服务需求的城市轨道交通车站客流控制模型和导向标识布局设计模型，从而解决现有车站的客流拥堵和无序问题，充分利用设施通行能力，全方位提升现有车站客流集散效率和服务水平，保障客流安全集散。

　　本书以车站基础设施能力和结构为约束，分别对车站乘客导向标识布局方法和客流控制模型进行研究，进而提出了城市轨道交通车站客流集散优化控制基本框架。本书的研究不仅对丰富和完善城市轨道交通车站客流集散网络优化理论研究具有重要意义，也可为我国其他类型客运枢纽的进一步发展建设提供支持与保障，以提升现有客运枢纽的服务潜力，弥补已建客运枢纽的规划服务方面的不足，为综合客运枢纽的设计和管理提供支持。具体来说，本书主要研究意义表现在理论和实践两个方面。本书的理论意义表现在：

　　（1）本书采用自下而上的分析方法，基于乘客微观移动理论，提出车站导向标识序化效能和乘客引导需求的计算方法，构建乘客与导向标识交互模型，提出了车站导向标识系统布设方法并建立标识系统设计模型，模型充分考虑了乘客微观因素和标识引导范围的影响。

　　（2）本书将自动控制理论应用于城市轨道交通车站客流控制，分别建立了通道客流控制模型和车站集散客流控制模型，并提出相应的客流控制策略，在解决车站客流控制问题的同时，为其他类似交通问题提供理论方法借鉴。

　　本书的实践意义主要包括：

　　（1）导向标识是实现客流引导的有效管理手段。采用本书所建立的导向标识布设模型可以为车站导向标识设置提供科学的布局方案，既能更加有效地为乘客提供导向服务，提高车站集散客流的有序度，也可为其他大型行人集散设施的标识设计提供借鉴。

　　（2）客流管控已成为城市轨道交通车站应对大客流和高聚集客流的有效管理措施。本书建立了车站客流控制模型，求解一定服务水平要求下车站的实时最佳进站人数和各设施的客流控制指标，为地铁车站高峰时段客流控制方案的制定提供量化依据，有利于运营管理部门根据各类客流波动规律提前做出响应，保障客流安全高效集散，提高运营管理部门管理决策的智能化水平。

1.3.2　章节安排

　　本书的主要研究内容如下：

　　第 1 章首先对本书的现实背景和理论意义进行阐述，介绍了国内城市轨道交通发展情况、分析我国城市轨道交通车站日益增长的客流需求与有限服务能力之间的矛盾，并对车站集散客流运动、车站集散设施管理与运用以及客流控制的相关理论问题进行综述，分析了目前研究的不足和车站的实际生产需求。

　　第 2 章主要描述了何为车站客流集散网络，并从复杂系统的角度建立车站客流集散网络系统模型。

　　第 3 章介绍了目前关于车站客流管控的基本理论与方法，阐述了城市轨道交通车站客流集散优化控制基本框架。

第4章分析了导向标识与乘客交互的特点，建立了导向标识与乘客的不确定性交互模型，提出导向标识序化效能计算方法。基于不确定交互理论，建立导向标识设置模型，模型可产生标识的最优位置和设置数量，从而为乘客提供良好的引导服务。

第5章基于乘客寻路特点，建立基于特征融合的导向服务网络设计模型，设计了求解算法。

第6章以北京南站换乘大厅为例验证导向服务网络设计模型的有效性。

第7章建立了车站客流集散系统动力学模型，并采用模型模拟北京南站客流的集散过程。

第8章面向车站通道客流控制需求，基于连续流体力学模型的离散形式，采用状态空间方程描述车站通道客流的演变过程，建立通道客流的线性反馈控制模型。通过案例应用证明该模型可有效避免通道客流拥堵，提升通道服务水平。

第9章面向车站集散网络客流控制需求，基于改进元胞传输模型，建立车站客流演变模型和客流分层控制模型。通过案例应用证明该模型可生成有效的客流控制方案，避免车站内客流拥堵传播，提升车站服务水平。

第10章为本书的总结部分，总结本书取得的研究成果和创新点，指明需要进一步研究的任务和方向。

第2章 城市轨道交通车站集散网络

本章描述了城市轨道交通车站客流集散网络的定义和组成，从复杂系统的角度建立车站客流集散网络系统模型。

2.1 车站客流集散网络构成

城市轨道交通车站客流集散网络主要包括乘客进出站以及换乘流线，是基于客运组织环节和流程的有机耦合。其中"集散"强调车站的主要功能，"网络"则强调车站设施的物理表现形式。从构成来看，一般要有集散设施和设备、客运组织与导向服务三部分组成，并形成有向网络结构模式；从内容看，主要涉及参与集散服务的设施设备能力、大客流控制策略制定等问题；从过程看，开始于乘客到达车站，结束于乘客乘车或步行离开；从服务对象看，锁定服务的进出站和换乘乘客；从目标看，要满足一定的乘客乘车需求，比如安全、快速、舒适、便捷等。本章首先从网络构成和功能的角度分析车站集散网络各部分的性质。

2.1.1 基础设施层

根据车站设施的物理表现形式不同，可将车站设施分为点状设施、段状设施和面状设施。

点状设施包括出入口、安检仪、闸机等设备，点状设施主要描述了乘客的起点，终点以及不同类型设施衔接点和服务节点。连接两点的设施称为段状设施，段状设施包括通道、楼梯、扶梯等设施。段状设施多为乘客的走行服务。面状设施包括站台、站厅等设施，不同面状设施乘客活动类型不同，在站台上，乘车的乘客站立等待列车到达，而出站乘客则快速移动出站。虽然在面状设施内乘客走行方向具有随意性较大的特点，但客流的总体方向固定。

根据乘客活动类型不同，车站设施又可分为走行类服务设施和等待类服务设施，走行类服务设施包括段状设施和部分面状设施，等待类服务设施主要指站台、闸机和售票口等服务设施。因此，根据上述车站设施网络的描述，可以构建由点、线组成的基础设施网络，线代表连接设施如通道、楼梯等，点代表闸机及设施连接处。

基础设施层可以抽象为一个由众多基础设施联结构成的点弧网络，可表示为$F(N,A)$。每个基础设施的描述属性包括物理属性、空间属性、联结属性、通行能力和设施运用等内容，将其定义为一个五元式，即：

$$F_i^j = \{P,S,C,Q,O\} \tag{2-1}$$

式中　i——设施的编号，设施在整个网络中的标记；

　　　j——设施的类型，1为点状设施，2为段状设施，3为面状设施；

　　　P——物理属性，设施的基本参数集合，包括长、宽、高、面积等内容；

　　　S——空间属性，设施的空间位置，所属楼层（层间设施用2个楼层表示）；

　　　C——联结属性，相连接的设施集合；

　　　Q——通行能力，单位时间内可通过的乘客人数；

　　　O——设施运用，自动化设施的运行参数（运行速度）。

2.1.2　客流组织层

基于基础设施网络，车站工作人员可以制定不同客流组织流程以满足乘客的出行需求，因此，客流组织流程是管理者为满足乘客交通需求而制定的业务流程的集合。这些业务流程相互联合、共同服务于乘客的进站、出站和换乘过程，保障乘客安全快速乘车、出站和换乘。

城市轨道交通车站的一般客运组织流程、乘客流线以及路径如图2-1和图2-2所示。由于城市轨道交通承担人们日常出行中的市内交通方式的搭乘，相比铁路车站，省去了候车室等车这一步骤。出站流线相对较短，在从下车到出站的过程中只需经过验票环节。

从乘客角度分析，乘客到达每个位置都会获得相应的效用，具体表现为与目的地之间距离的减少或者增加。在车站中，根据乘客的需求和目的不同，可以将客流组织流程分为进站客流组织、出站客流组织和换乘客流组织。与客流组织流程相呼应，将客流流线分为进站流线、出站流线和换乘流线，因此车站每个位置对于不同类型的客流具备不同的移动效用。因此，城市轨道交通车站集散网络是由进站流线、出站流线和换乘流线三部分构成，可以描述为在车站结构和客流组织流程约束下，不同类型流线的路径集合。同一流线内的乘客可能选择不同的路径到达目的地，在车站内的路径选择数量并不多，主要表现为设施的选择，比如图2-1（c）中乘客在完成层间转换时可选择扶梯或者楼梯等，不同的设施选择产生了不同的客流路径。

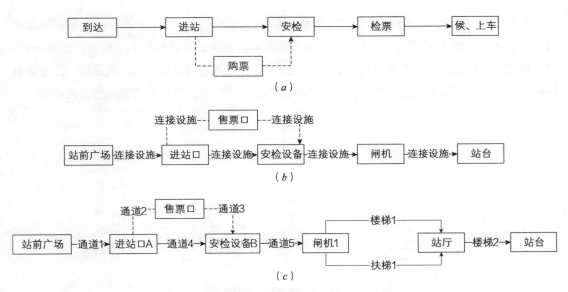

图2-1　城市轨道交通乘客进站流程、流线和路径
（a）组织流程；（b）流线；（c）路经

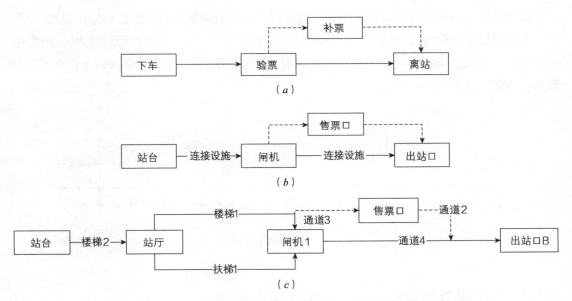

图2-2　城市轨道交通乘客出站流程、流线和路径图
（a）组织流程；（b）流线；（c）路经

　　进站流线以进站口或者闸机为起点，以乘坐列车为终点，进站流线描述的是客流进站的过程，相应的设施连接关系和客运组织流程。出站流线描述的是客流出站过程以及相应出站设施连接关系。出站流线以列车为始点，以出站口为终点。换乘流线是以乘客下车站台为起点，以上车站台为终点，描述的是乘客换乘列车的过程。

根据乘客活动类型不同，可以将车站客流需求分为进站乘车和下车客流，下车客流又分为出站客流以及换乘客流两类。对于每一类客流需求，客流的到达规律不尽相同，如图2-3所示，进站客流需求产生于地铁系统外部，其一天内的客流到达可以近似为连续函数，而在短时间内客流到达可近似为泊松分布；由于列车到达存在时间间隔，下车客流为典型分段函数。

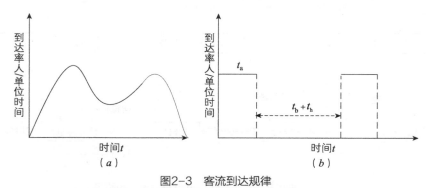

图2-3　客流到达规律
（a）进站客流到达规律；（b）站台下车客流到达规律

城市轨道交通车站的客运组织阶段可根据列车到达的周期性特点进行划分，如图2-4所示，令车站运营周期为T，一般而言，列车运行计划固定，令列车到达间隔时间为t_h，列车停站时间为t_d，那么$T=t_h+t_d$，t_d为乘客上下车时间，假设乘客上下车原则为先下后上，令下车时间为t_a，那么上车时间$t_b=t_d-t_a$。

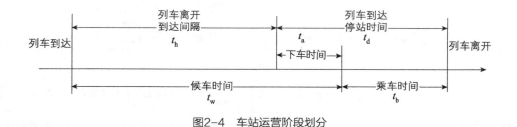

图2-4　车站运营阶段划分

2.1.3　导向服务层

在存在基础设施和客运组织之后，如果乘客无法确定行走方向，则依然无法顺利按照设定路径到达目的地，此时的客流集散网络仍是无向网络。因此，车站导向服务的优劣成为影响客流集散效率的因素之一。车站导向服务贯穿于乘客所有活动空间，其宗旨是帮助乘客锁定目的地方向和选择通往目的地的路径，实现乘客的快速移动，引导乘客正确有效地完成车站内空间定位、路径选择和紧急疏散活动。导向服务措施主要包括引导标识设置、动态信息服务和现场组织等。导向标识是城市轨道交通车站内提供引导服务的重要信息服务系统。一般导向标识包含目的地名称和方向等信息，能够帮助不熟悉车站环境的乘客完成一系列交通换乘和中转活动，实现客流的有序集散。

按照城市轨道交通车站从建设设计到运营组织、旅客导向服务需求由弱到强的顺序，将导向服务内容划分为建筑设计、装饰设计、引导标识设计、动态信息服务和现场组织五个层次，如图2-5所示。通常，导向服务所在的设计层次越高，面对的旅客导向服务的需求就越强烈。例如：地铁车站采用通道引导换乘客流，就是利用建筑空间的限定性对客流进行引导，此时，建筑设计的导向作用大于引导标识。在"春运"等客运高峰期，大规模客流集聚，对客流组织形成很大压力，在保证旅客安全的前提下，采取临时客运组织措施非常关键，除日常导向服务措施外，还包括：增设临时导向标识、设置警戒绳或隔离栅栏、采用人工引导以及通过广播宣传等措施。

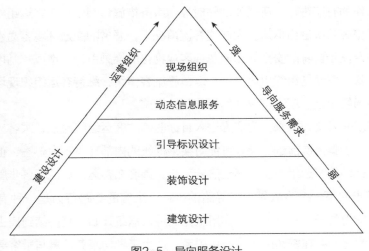

图2-5　导向服务设计

（1）建筑设计处于导向服务设计的底层，是导向服务设计体系的基础层，并影响其他层次的导向服务设计。导向服务设计首先应是建筑设计，建筑乃百年大计，一旦设计付诸施工，则外部建筑形式、内部空间布局和细部构造方式已成定论，难以改变。这也是将建筑设计和装饰设计相区分的缘由。良好的综合交通枢纽设计，其主要目的是便于旅客的定向和寻路，突出建筑特征的导向作用，运用建筑的语言帮助旅客对枢纽空间位置做出判断，并指出主要旅客流线的方向。

（2）装饰设计与建筑设计二者密切相关。装饰设计是在建筑设计基础上进行深入的再创造，是对建筑设计空间表象的充分诠释。通过对车站内外界面的装饰，在比建筑设计更为细微的尺度上建立枢纽与旅客之间的联系，实现由"硬"性空间结构向符合旅客需求的"软"性环境意象的转变。从枢纽环境构建角度来看，装饰设计与建筑设计有表里之分，且从技术要求与经济投入来看，装饰设计具有一定的可重复性，所以把装饰设计单独划分为一个层次。

（3）引导标识设计位于装饰设计的上一层次，与车站的空间布局和功能配置密切相关。引导标识通过符号、记号、图形等，能够简洁、准确地为旅客提供各种环境信息，来帮助旅客沿着他们选择的路径找到目的地。在众多复杂的大型综合客运枢纽中，标识和符号迄今仍是最常用的传达枢纽空间信息的手段。

（4）动态信息服务将帮助旅客在出行中了解何种交通工具可乘以及如何选择最佳的交通工具组合方式等信息，为旅客提供合理的行车时间与路线，方便乘客换乘，具有明显的实时性、动态性和个性化等特点。例如：通过广播、媒体等形式发布站台信息预告、换乘信息及公共服务信息等。从有利于旅客行为的角度，动态信息服务将适时地播报适当的交通信息，以满足旅客们的个性化需求。

（5）现场组织是最高导向服务设计层次，主要用以在非常态客运需求期间，为保证旅客安全及客运组织工作的有序进行，所采取的临时导向服务措施。制定现场客运组织方案，增加现场工作人员引导旅客依次进出枢纽。大规模客流情况下，恶劣的交通环境容易引发旅客情绪失控，旅客们往往专注于自身的安全问题而忽视客观物化的换乘引导，造成车站内交通秩序的混乱与失控，此时须采取现场组织引导措施，以镇静旅客情绪，维持客运组织现场秩序，提高车站运营效率。现场组织是一项不可或缺的导向服务措施。

乘客进入车站完成交通换乘行为实为进入目标明确的客运组织流程，乘客应当按照相应客运组织流程的各个步骤依次前进。乘客可能对换乘枢纽的内部环境不太熟悉，但对于进站→候车→检票→上车这样的客运组织流程早已熟稔于心。乘客在客运组织流程各步骤间的活动，即乘客从一个步骤走向下一个步骤是一个寻路的过程。乘客的寻路行为是一种有目的的导向行为，乘客的主观行为与导向标识的互动作用从他们进入枢纽开始一直持续到离去。由于外界环境信息和乘客行为之间存在密切的相互作用关系，产生了导向服务信息与乘客寻路行为之间的密切关系，导向标识对乘客的路径诱导是一个信息传递的服务过程，乘客在路径选择点识别导向标识后进行路径和方向选择。

在无导向服务的情况下，若乘客不能确定行走方向，将会随机选择行走方向或者根据自身的判断进行寻路，显然这种情况下客流混乱程度高；当在部分乘客行走空间中提供导向服务后，一部分乘客能够判断自己的行走方向，顺利找到出站口，客流混乱程度降低；当在整个车站空间中提供导向服务后，全部乘客能够确定行走方向并找到出口，客流则有序离开。因此，导向服务过程是一个从路径选择的不确定到确定的过程，也是一个使客流从无序到有序的过程。

导向标识是车站导向信息的主要提供者，导向标识的属性（位置、大小、信息量）会直接影响乘客寻路效果的优劣。导向标识设计需考虑乘客在寻路过程中各决策点、视力、视野、视距关系以及障碍物的影响，满足乘客寻路过程中的各种信息需求。本书从寻路角度考虑客流有序度与导向标识的交互影响，抽象并模拟两者之间的相互影响与作用。在微观层面，导向标识优化设置能够帮助乘客快速定位目的地和选择路线；在宏观层面，导向标识将无向基础设施网络内的客流有序化，导向标识在客流组织流程约束下，使得相互连接的基础设施构成了有向客流集散网络。因此，根据上述车站客流集散网络的组成分析，可构建如图2-6所示的客流集散网络。

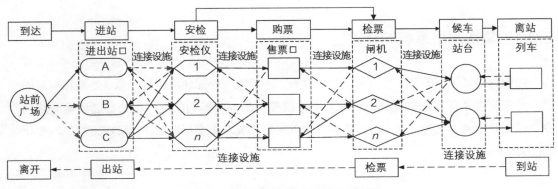

图2-6 城市轨道交通车站客流集散网络

为了加深读者对于车站集散网络的理解，接下来将从复杂系统的角度进一步描述车站客流集散网络，进而阐明车站客流集散控制的复杂性。

2.2 复杂性分析

2.2.1 集散网络系统的复杂性

车站集散网络系统具有复杂的网络结构，但是，对于衔接不同交通方式的综合客运枢纽而言，由于其客流量、客流性质和规模的不同，每个集散网络的实体类型有多有少，实体之间的对应关系也不尽相同。

2.2.2 集散网络系统的不确定性

集散网络的不确定性表现在客流集散、管理和设施利用各个环节。对于客流集散而言，虽然客流量的变化具有明显的规律，但是每天的高峰期时间段也不尽相同，运力协调部门很难做到准确的计划和准备。对于管理环节，最大的不确定性来源于人员素质不高、实时信息的缺乏和缺少有效的管理措施和应急对策等。对于设施利用，最大的不确定性在于设施的负载过高或过低、设施性能不佳或故障等。

2.3 系统自适应能力分析

适应能力是指有一定的向环境学习并利用环境变化的能力，复杂的自适应系统通常具有动力学系统性质。集散网络系统的适应能力有以下几个方面。

2.3.1 集散网络系统的开放性

集散网络系统与外部环境有着密切的联系，不断地与外部环境进行信息、物质和能量的交流。外部环境的任何一种变化，都会影响系统整体集散功能的实现。比如交通运输网络的改变、城市系统的变化等，这些因素都会与集散网络系统发生交互作用，以形成适应环境变化的驱动力。

2.3.2 集散网络系统的预决性

复杂系统的发展趋向取决于系统的预决性，预决性是系统对未来状态的预期和实际状态限制的统一。集散网络系统的预决性体现在：通过对客流状态的预测，采取有效的集散控制策略。

2.3.3 集散网络系统的自适应性或自组织性

当交通运输网络或城市系统等外部环境发生变化，需要改变或调整交通运输枢纽的功能及目标时，车站集散网络系统的结构及特征也可进行相应的改变。

2.4 集散网络系统的演化

复杂系统对于外界环境和状态的"预期—适应—自组织"过程导致系统从功能到结构的不断演化。集散服务功能的实现可以由一类或几类设施实现，甚至仅用人员即可实现，但是随着经济社会的发展，客运需求量的增长以及高效和安全目标的驱动，枢纽集散网络已发展成为功能和结构复杂的系统。这种从低级到高级、简单到复杂的过程即为集散网络系统的不断演化。

2.5　集散网络系统的涌现性

系统的涌现性是指系统具备其部分或部分总和没有的性质。尽管集散网络系统内每一种交通方式和客运设备具有不尽相同的功能和作用，但无法独立完成乘客的中转和集散作业。仅在作为一个整体并在管理者的组织管理下，才能共同完成。综上，车站集散网络系统符合复杂系统的性质，可以采用复杂系统理论来对集散网络系统进行建模分析。

2.6　基于Muti-Agent的复杂集散网络系统的建模

2.6.1　基于Muti-Agent的集散网络系统的体系结构

集散网络系统是由若干相对独立的自主实体构成的一个合作共生网络体系，对于这个网络体系的管理包括从"客流聚集"到"客流分散"全过程的所有环节。因此可以把从聚到散全过程的所有环节，看成是由系统内相应不同层次中具有不同角色的"Agent"组成的，这些Agent分别可以代表售票厅、闸机、安检、通道类设施、候车室、检票口、导向标识、管理等复杂的对象和活动，通过Agent与环境、Agent相互之间的"协商"和"妥协"，使其整体处于合作或共生状态。

集散网络系统的体系结构（见图2-7）可以看成是由售票、安检、通道、候车、检票等Agent通过"黏着"、"聚集"而成的。较小的、较低层次的Agent可以在一定条件下，也通

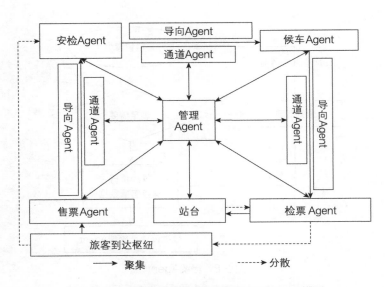

图2-7　城市轨道交通车站客流集散网络Agent模型

过"协商"、"妥协"聚集成较大的、较高层次的多Agent的聚集体。例如，售票Agent是由售票机Agent、人工售票Agent和网上售票Agent等聚集而成；安检Agent是由安检设备Agent、安检人员Agent和安检规则Agent聚集而成；通道类设施Agent是由通道Agent、扶梯Agent、楼梯Agent等设施聚集而成。不同Agent之间并不是独立的，某一Agent是输入或输出是另一Agent的输出或输入，如安检Agent输出的客流为候车的输入客流，检票的输入客流为候车的输出客流。

2.6.2　基于Muti-Agent的集散网络系统建模

首先进行个体Agent建模，各个Agent的主要功能如下：

（1）售票Agent：为乘客提供售票服务，售票方式有人工售票、自动售票机售票和网上售票。当售票不能满足乘客需求时，应修改售票方案并通知管理者。同时，它保存售票数量等数据，以计算现行票价是否能满足自身利益。售票Agent如图2-8所示。

（2）安检Agent：安检人员依据案件规定对乘客进行安全检查。当乘客违反安检规定时，不能进一步进入集散网络系统。同时根据客流量大小增加或减少安检设备和安检人员。

（3）候车Agent：车站为乘客提供乘车前的休息场所。车到站时，客流则进入检票环节；车未到站，乘客继续滞留候车室。输出数据为候车人数。

（4）检票Agent：车站管理人员有权利用相关设施如闸机对乘客所持车票进行检查，符合规定则允许进入付费区乘车。

（5）导向Agent：为当前乘客下一步需要到达的设施或者流程提供方向指示，根据客流量

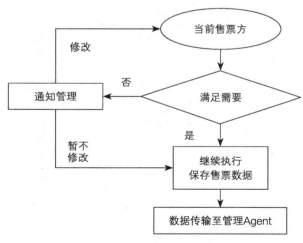

图2-8　售票Agent

的大小和性质，可以选择不同的交通导向服务措施。

（6）通道类设施Agent：为乘客从一个设施到另一设施提供通道服务。乘客根据导向Agent，利用通道Agent完成从一个设施向另一设施的过度。通道和导向Agent运行规则如图2-9所示。

（7）管理Agent：对车站内的资源进行调配，采集上述各个Agent的输出，制定票价和车站客运管理制度，解决与集散服务系统相关的外部经济问题，实现经济效益和社会效益的协调与均衡。

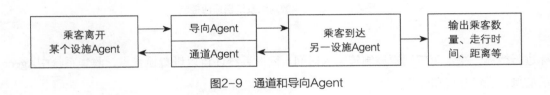

图2-9　通道和导向Agent

2.6.3　系统建模

根据CAS理论，建立基于muti-Agent的集散网络系统模型的目的是帮助管理者及时掌握并控制枢纽内客流及设施利用状况，以达到均衡利用车站内的集散设施，提高车站集散服务水平的目的。

集散网络系统的运作是一个动态过程，当系统中发生一些新情况或新变化时，系统根据输出的集散效能指标与理想的集散效能指标之间的差距，触发系统的自适应性。通过修订原有的策略，重新安排系统的集散设施或人员，快速响应变化，使集散网络系统持续、优化运行。自适应的集散网络系统能够通过分析系统内外因素的变化，形成事件影响序列，并制定新的控制策略。由此，本章提出了复杂集散网络系统的自适应控制模型（如图2-10所示）。

融合算法模块：对预测的基础交通参数（如流量、速度、占有率）进行融合处理，得到符合实际的基本交通参数；规则库：存储客流到达规律、本系统相关信息、客流流动规律；知识库：是关于本系统客运组织优化方面的知识集合，存储本系统Agent客运组织优化历史信息，包括时间、客流信息、优化方案及其效果等；学习机：学习机是若干方法和规则的集合。

对于可以预知的变化，规定事件相应策略。但更多的变化是不可预知的，因素错综复杂，在集散网络系统中引起关联变化。这些不可预知的变化有的隐藏在许多不变因素之后，有的则隐藏在诸多变化因素之中。因此不必要也无法识别所有的变化数据和类型，只需对集散效能指

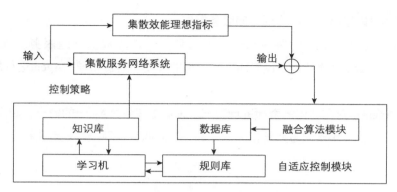

图2-10 车站集散网络系统自适应控制

标进行检测，决定重新制定控制策略的时间。同时系统还可以设置检查点，收集系统中Agent的信息，进行分析和优化。

对于何时进行系统的自适应过程，取决于两类信息：一是可预知变化的类型。二是集散网络系统的效能指标值。可预知变化序列主要是指那些经常发生的、简单的、可预知的变化。不同的枢纽集散网络系统可根据具体情况还有更多定义。

自适应的集散网络系统的数学模型表示：

$$\begin{cases} x = Ax + \mu + B\gamma \\ e = Q - Q^* \\ Q = Q(x, A(t), B(t), t) \\ x(e, t) = f(e, \tau, A(t), B(t)) \end{cases} \qquad (2-2)$$

其中x表示系统状态；μ是输入量；γ是扰动量；$A(t)$，$B(t)$表示t时刻系统的模型参数；Q表示t时刻系统的效能指标；Q^*表示理想的系统效能指标；e表示实际效能与理想效能之间的偏差；τ：$0 < \tau < t$表示$0 \sim t$的时刻；$f(e, \tau, A(t), B(t))$表示自适应规律；根据f调整控制策略。

根据CAS理论，建立基于muti-Agent的集散网络系统模型，当环境变化时，为车站管理者控制策略的调整提供一种动态方法，如以下情况：

（1）客流量的变化：客流量即需求量，系统的集散能力即供给量。供给是由需求拉动的，需要根据客流量进行调整。客流量作为外生量，激发系统重新生成控制策略。①增设集散设备和人员，与原有设备一起完成集散任务。②减少设备和人员数量，但不减少类别，由剩余集散设备完成集散任务。

（2）集散设备能力的变化：当集散设备发生故障时，不能提供所需的集散能力，将与故障设备有关的任务形成新的要求，重新生成控制策略。

由于集散网络系统的实体元素较多，而且系统状态是动态变化的。复杂系统理论为系统中复杂问题的解决提供了一种新方法，为集散网络系统的研究提供了一种观察问题的新视角和分析问题的新思维。

2.7　本章小结

本章首先描述了城市轨道交通车站客流集散网络组分及相互关系，从复杂系统的角度阐述车站客流集散网络的特性，建立基于多 Agent 的集散网络系统原型，帮助读者理解车站集散网络系统的运行过程。

第3章

城市轨道交通车站客流管控的基本理论与方法

本章介绍了车站客流管控基础理论与方法，以客流集散网络的组成结构为约束，结合目前车站运营需求，提出了客流集散优化控制基本理论框架，主要包括车站导向标识系统设置和车站客流优化控制两个方面；最后分析了车站客流集散优化控制的实际意义。

3.1 相关理论与方法

为了解决城市轨道交通枢纽内部客流拥堵无序问题，国内外学者们分别从多个角度如何研究优化或者提高枢纽客流集散能力。在车站运营过程中，由于客流需求具有波动性，车站在不同时期承载的客流量大小不一。在高峰时段，车站设施负荷较大，乘客拥堵严重。因此，国内外学者通过对运营阶段的车站进行研究分析，提出不同的车站运营优化策略。与本书内容相关的研究方向主要包括车站乘客集散运动理论、车站服务设施的管理与运用、车站客流优化控制等。

3.1.1 车站乘客集散运动理论

城市轨道交通车站客流的集散分布特征主要由客流到达规律、客流组织流程、进出站通道以及服务设备能力等因素决定。车站内的客流换乘活动可以看作是由个体（乘客）组成的群体（行人流）所展现的整体行为，因此，国内外研究人员分别从宏观和微观角度对乘客集散过程进行研究。

1. 乘客集散微观模型

微观方面，社会力模型、元胞自动机模型、格子气模型等在内的微观仿真模型将行人看作离散的个体，通过模拟个体行为体现群体动力学特征，这些微观模型凭借模型细致化程度高、场景适应性强等优点，成为研究对向行人流的一类重要模型。微观模型在模拟行人流各种现象如行人超越、冲突与吸引、行人偏走、随机分层和对向行人冲突所致的死锁堵塞现象等方面具有一定优势。

（1）元胞自动机模型（Cellular Automata Model）

元胞自动机模型（CA模型）将空间划分为与行人尺寸相同的元胞（0.4m×0.4m），通过定义个体移动行为、躲闪行为、选择行为和冲突解决机制，模拟群体各种自组织现象。CA模型中行人移动方向为行人与目的地距离减少的方向，因此，行人下一步选择的元胞为所有邻近元胞中与目的地距离最近的一个元胞。在CA模型中，静态场（Static Floor Field, SFF）被用来描述各个元胞与目的地之间的最短距离，如图3-1所示为一个20m×20m仅有一个出口的空间静态场。静态场强越低，该元胞与目的地的距离越近，行人选择该元胞的几率越大。动态场（Dynamic Floor Field, DFF）则被用来描述行人跟随行为，元胞被选择的频率越高，则该元胞的动态场强越大，后续行人选择该元胞的几率越大。

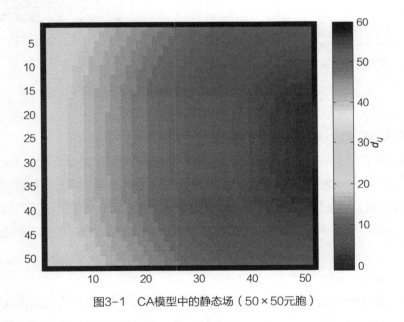

图3-1　CA模型中的静态场（50×50元胞）

根据CA模型，以往学者主要做了以下工作：通过对地铁站台乘客上下车运动进行建模，分析乘客合作与竞争行为对上下车时间的影响；通过分析双向行人流个体行为规则，建立通道双向行人流CA模型，如图3-2所示为CA模型模拟双向行人流结果；通过分析客流组织策略对乘客上下车时间影响，采用平均服务时间和客流拥挤水平等指标反应客流组织策略的优劣；通过改进CA模型研究高密度行人群体行为和死锁堵塞现象。由于CA模型中行人移动规则的自定义程度高，非常适用于多种场景下行人运动的建模，例如不同行人视力水平下行人疏散行为、障碍物对行人疏散的影响分析以及多出口房间中个体的出口选择行为等。

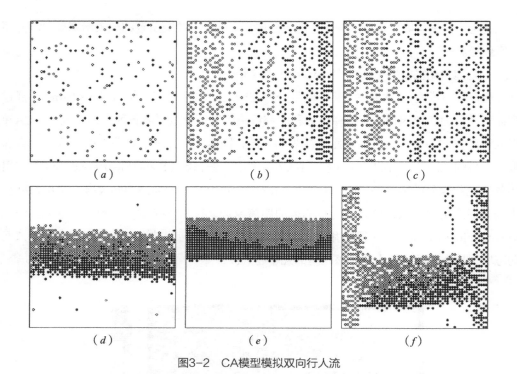

图3-2　CA模型模拟双向行人流

（2）格子气模型（Lattice Gas Model）

格子气模型将行走空间划分为大小相等的正方形网格，通过定义每个行人下一步的移动位置由行人当前所在格子向紧邻的左侧、前方、右侧格子的转移概率，模拟群体移动行为。为了模拟对向行人流中行人偏走多造成的自组织分层现象，研究人员又提出了随机偏走格子气模型，并利用扩展非均匀格子气模型模拟了出口偏好情况下地铁站人员疏散过程和火灾情况下人员疏散过程。

（3）社会力模型（Social Force Model）

社会力模型由Helbing提出，模型假设行人与目标之间、行人与行人之间以及行人与障碍物之间存在目标驱动力、吸引与互斥力，这些作用力的合力促使行人按照一定的路线移动。从模型的实现方式来看，社会力模型属于连续微观模型，其计算机实现难度高，且计算时间长，但该模型能够模拟各种行人流自组织现象以及疏散过程中行人拥挤致死现象。

社会力模型广泛应用于车站乘客集散仿真研究中，例如采用社会力模型模拟车站客流集散，对地铁车站的客流流线的合理性进行评价，并给出流线改善建议；通过社会力模型仿真以计算机仿真的形式分析了不同车站出口布局对车站安全疏散能力的影响，该研究结果可为以保障乘客安全为目的的车站出口设计标准提供重要的方法参考和理论依据；通过研究毒气泄漏或者攻击场景下地铁站乘客疏散时间的影响因素，发现乘客在不能发现危险源时伤亡数量会增多，而且站内通风速度越高，伤亡人数越少。

除了以上三种模型外，微观模型还有移动效益模型和引力模型等，国内外根据行人集散微观模型开发多款行人仿真软件，这些主流软件包括Anylogic、Legion、SimWalk以及STEPS等。表3-1总结了这些行人仿真软件的特点，包括其建模方法、输入输出和二次开发难度等特点。

行人微观仿真软件　　　　　　　　　　　　　　　　表3-1

软件名称	建模方法	输入	输出	二次开发难度
Anylogic	社会力模型	环境属性、行人行为流程图和属性	以动画形式输出行人数量、密度和停滞时间等	支持二次开发
Legion	元胞自动机	建筑空间布局、行人半径、步行速度等	以图表形式输出关于行人密度、步行时间、疏散时间、走行速度、排队长度和空间利用率指标	仅能与Aimsun衔接
SimWalk	社会力模型和智能体模型	建筑空间布局、仿真全局参数、行人起始区、退出区和等待区等对象和相应参数	事件统计、个体统计、人群统计和出口统计	不能二次开发
STEPS	元胞自动机	建筑空间布局、行人三维尺寸、耐性、步行速度、环境熟悉程度等	客流量、人群密度、空间利用率和使用出口情况	不能二次开发

2. 乘客集散宏观模型

宏观方面，连续流体力学模型、元胞传输模型和排队模型成为研究行人流的主流方法。

（1）连续流体力学模型

连续流体力学模型（LWR）起源于交通流的研究，Lighthill、Whitham（1955）和Richards（1956）等人通过观察车流现象，将车流近似为连续流体进行研究，进而提出LWR模型。LWR模型可用偏微分方程描述为公式（3-1）：

$$\partial\rho(x,t)\,/\,\partial t+\partial f(x,t)\,/\,\partial x=0 \tag{3-1}$$

其中$\rho(x,t)$为时间t位置x的密度（辆/单位长度），$f(x,t)$为交通流量（辆/单位时间）。

Hughes（2002）在将行人流看作连续流体，并引入行人距离效用函数建立行人流的二维连续流体力学模型：

$$\partial\rho\,/\,\partial t+\partial\rho u\,/\,\partial x+\partial\rho v\,/\,\partial y=0 \tag{3-2}$$

其中u和v分别为行人的横向和垂向速度，并分别由行人速度以及行人距离效用函数决定。令行人速度为关于行人密度ρ的函数$f(\rho)$，那么：

$$u=f(\rho)\hat{\phi}_x,v=f(\rho)\hat{\phi}_y \tag{3-3}$$

$\hat{\phi}_x$和$\hat{\phi}_y$分别由行人移动效用的势能函数决定：

$$\hat{\phi}_x = \frac{-\frac{\partial \phi}{\partial x}}{\sqrt{(\frac{\partial \phi}{\partial x})^2 + (\frac{\partial \phi}{\partial y})^2}}, \hat{\phi}_y = \frac{-\frac{\partial \phi}{\partial y}}{\sqrt{(\frac{\partial \phi}{\partial x})^2 + (\frac{\partial \phi}{\partial y})^2}} \qquad （3-4）$$

ϕ为行人移动效用函数，$\hat{\phi}_x$和$\hat{\phi}_y$分别表示行人横向移动和垂直移动效用势能函数。

（2）元胞传输模型

为了能够求解Hughes行人流模型，研究人员又提出该模型的高效求解方法，之后多名学者分别对Hughes行人流模型进行研究，但均是从连续函数角度对Hughes行人流模型进行分析，不利于计算机实现。因此，对连续行人流的近似离散方法也成为研究热点。为近似分析LWR模型，学者们提出元胞传输模型（Cell Transmission Model，CTM），CTM将路段分成多个相同的元胞，通过定义元胞之间流量关系来确定交通流模型。为了能够模拟多向行人流，可根据CTM模型建立了基于行人全局路径选择行为的行人流二维动态元胞传输模型（DCTM），接着又提出了多类型多方向行人流的元胞传输模型（PCTM），在模型中引入了基于综合移动效用的行人局部路径选择行为，以社会力模型为标准对PCTM的参数进行标定。DCTM和PCTM均是以传统CTM为出发点，结合行人流特点提出的相应改进方法。

（3）排队模型

排队模型是描述行人流的另一类经典模型。在排队模型中，M/G/C/C状态依赖排队模型可以通过解析方法获取行人堵塞概率、通道平均人数、通道输出速率等指标，为行人流控制和管理提供决策依据。F.R.B. Cruz（2005，2007）提出M/G/C/C状态依赖排队过程的建模方法和近似分析方法，并分析各种网络结构中行人流性能指标；在城轨车站客流集散研究方面，基于行人流排队理论，研究人员建立了城市轨道交通车站客流集散的排队网络模型，运用响应曲面对车站集散能力进行分析，构建车站集散能力与乘客到达速率之间的函数关系。

根据以上对以往乘客运动模型研究的总结，可以将行人流模型及其优缺点归纳为表3-2。

乘客集散模型汇总和特性总结　　　　　　　　　　　　　　表3-2

模型名称	宏观	微观	连续	离散	自组织	复杂性	速度	可控性
元胞自动机		√		√	√	复杂	慢	一般
社会力模型		√	√		√	复杂	较慢	较难
格子气模型		√		√	√	复杂	慢	困难
LWR	√		√			一般	快	容易
Hughes 模型	√		√		√	一般	慢	一般
CTM	√			√		简单	快	较易

续表

模型名称	宏观	微观	连续	离散	自组织	复杂性	速度	可控性
DCTM	√			√		简单	快	较易
PCTM	√			√	√	简单	快	较易
排队模型	√			√		较简单	较快	较易

3.1.2　车站集散设施的管理与运用

1. 车站设施布局优化理论

在城市轨道交通车站内部设施布局设计方面，国内外不少学者从建筑学、管理者和乘客需求的角度做了较多的基础和理论研究，其研究重点主要集中在车站环境设计、设施布局合理性研究和流线设计等方面，这些研究成果对于新地铁车站的设施布设以及原有车站设施布局改造提供了丰富的理论依据。

学者们结合国内外地铁发展历程，基于人性化原则，从乘客生理和心理两个角度，梳理出地铁车站空间环境的设计要素，指出功能多元化、建筑立体化、管理智能化是未来地铁车站发展的方向。在城市轨道交通车站设计研究中，部分设计人员倡导车站的设计要素应该体现地域文化特色，并提出了地域文化与城市轨道交通车站空间艺术设计紧密结合的具体运用方法，并且认为丰富、美化车站环境，营造出符合当地景观风貌和时代特点、具有艺术生命力的高质感公共空间是地铁设计的重点。这些研究主要从艺术设计角度分析城市轨道交通车站的设计原则，有利于改善乘客在车站中的身心感受，但车站设施能力和布局才是车站设计的重点，关系到车站是否能够提供高质量的交通换乘和中转服务。因此，大部分学者则认为车站设计应该充分考虑客流特点，如客流在车站内的分布规律和换乘客流特点，以提高车站服务水平、降低车站运营风险为出发点进行车站结构设计，包括通过车站内人流密度的调查、对地铁车站提出设计改造建议。针对客流较大的车站，基于减少流线干扰、通行能力匹配、设施选择均衡性的原则，寻找车站超大客流流线优化设计策略。通过采用行人微观仿真模型模拟乘客在车站中的集散过程，可以产生不同的评价指标，并基于功能协调性原则对车站设施布局进行综合评价，进而提出地铁车站集散设施通用设计方法。

2. 车站集散能力计算与评价

（1）车站设施通行能力

车站设施通行能力可以分为最大通行能力和实际通行能力，实际通行能力一般为最大通行能力乘以能力利用系数。表3-3列出了车站内各类设施最大单位通过能力。

车站各设施最大单位通过能力   表3-3

部位名称		每小时通过人数
1m宽楼梯	下行	4200
	上行	3700
	双向混行	3200
1m宽通道	单向	5000
	双向混行	4000
1m宽自动扶梯	输送速度0.5m/s	6720
	输送速度0.65m/s	≤8190
0.65m宽自动扶梯	输送速度0.5m/s	4320
	输送速度0.65m/s	≤5265
人工售票口		1200
自动售票机		300
人工检票口		2600
自动检票机	三杆式　　　非接触IC卡	1200
	门扉式　　　非接触IC卡	1800
	双向门扉式　　非接触IC卡	1500

　　城市轨道交通车站设施主要包括车站出入口、通道、楼梯、扶梯、站台等设施。城市轨道交通车站设施能力大小及其匹配程度是影响乘客能否高效完成站内活动的重要因素。在特定的客流需求下，设施通行能力越大，该设施的客流越顺畅，反之会出现客流拥堵；另一方面，设施通行能力之间的匹配程度也是影响车站客流集散效率的重要因素，能力匹配程度越高，车站集散网络中的客流越顺畅，反之会出现客流阻塞和出行延误。根据以往研究，对城市轨道交通车站设施的通行能力进行阐述，主要包括进出站口、人行通道、自动扶梯和楼梯与斜坡通过能力以及站台的候车能力等。此外，国内外学者也对紧急情况下的车站疏散能力进行了研究。

　　（2）设施服务水平评价

　　城市轨道交通车站服务水平理论包括设施服务水平和车站服务水平两部分，其中设施服务水平是指乘客对于车站内部单个设施服务质量的满意程度，而车站服务水平是指乘客对于进出站和换乘流程的整体满意程度。

　　单个设施的客流服务水平常常采用客流密度ρ表示。国外学者Oeding最早（1963年）对行人步行设施的服务水平分级进行研究，随后Pushkarev（1975）提出了相似的服务水平分级方法。然而，最具影响力的行人步行设施服务水平研究成果由Fruin提出，其中包含了排队（queuing）、楼梯（stairway）和通道（walkway）的服务水平分级标准。德国也提出了与《公路通行能力手册》（HCM）相似的服务水平分级方法，制定了《德国道路通行能力手册》（HBS），其中分别规定了排队（queuing）和移动情况（moving）的服务水平划分方法。Polus基于实验观察介绍了以色列行人步行设施服务水平分级标准。Weidmann根据以往研究提出9个等级的步行设施服务水平，9级服务水平可以通过整合以往服务水平分级点获得。学者们（Tanaboriboon和Guyano）也试图建立亚洲步行设施服务水平。综合以往对步行设施服务水平的研究，图3-3归纳了各种服务水平分级标准。

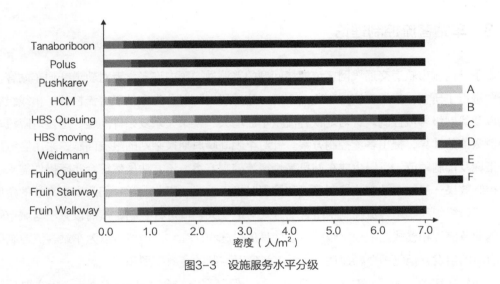

图3-3　设施服务水平分级

Fruin提出的服务水平分级标准被《公共交通通行能力和服务质量手册》作为衡量车站设施服务水平的标准。Flurin S. Hänseler根据该标准和客流需求的准确估计对瑞士洛桑车站的站台服务水平进行了评价，并制定了六步规划指导原则，为车站的设施设计和布局优化提供方法借鉴。因此，本书主要依据Fruin服务水平分级标准对所研究车站各类设施的服务水平进行评价。

3. 车站导向服务研究

目前，国内外尚不存在统一的行人导向标识设置方法。学者们多数通过借鉴国外地铁标识系统的设置原则，分析了地铁车站导向标识系统的设计现状，对我国地铁车站标识系统设计提出了参考建议。在车站导向标识优化设计方面，一种方法是通过人因工程分析并根据乘客流线特点对车站的导向标识进行了合理设置，从而优化客流引导效果。另一种方法是基于寻路行为的特点，建立了轨道交通枢纽导向标识布局方案评估指标，并采用仿真方法对布局效果进行评估；此外，通过建立车站导向标识选址模型，采用解析方法求出标识位置也是目前研究的热点；在导向服务评价方面，国内学者采用层次分析法构建地铁车站服务标志系统功效综合评价模型，并指出应进一步从标志的数量、形式、色彩，标志的醒目性以及信息表达的确切性等方面完善车站服务标志系统。国外学者Mei Ling Tam以最大化可见性指数为目标对机场的导向标识布局进行优化，并且根据可见性指数提出乘客导向服务水平的分级方法。标识可见性、理解性和导向信息整合也是影响乘客寻路的主要因素。

在车站安全疏散方面，以圆形疏散标识引导范围为前提，国内学者针对有障碍设施和无障碍设施，分别提出了相切圆填充和簇节点布局的疏散标识设置方法，并采用传统的最大覆盖模型（MCLP）对超市的应急疏散标识进行优化，通过微观仿真验证优化效果。

3.1.3　车站客流控制理论

由于国内城市轨道交通线网客流拥堵问题的普遍性，国内许多学者对轨道交通车站客流控制问题进行了研究。根据客流控制范围不同，这些研究可以分为车站级客流控制、单线级客流控制以及线网级客流控制。针对地铁客流量不断增大、换乘关系复杂等问题，通过对限流车站和限流数值的计算，提出客流控制方案。针对早晚高峰时期换乘站的限流问题，采用客流控制触发指标及控制阈值，可以生成车站早高峰客流控制方案，该方法虽然符合实际操作需求，但客流控制效果一般，车站客流控制等级和控制时机不精确。因此，学者们从安全高效的角度提出列车运行组织和车站客流控制相结合的方式对地铁大客流进行控制，然而该方法与城市轨道交通的业务流程和模式匹配程度较差。这些具体措施和研究结果虽然可以为车站客流控制研究提供有益的启发，但仍需要构建适用车站客流实时控制的有效模型和方法。

在国外研究中，为了应对车站高聚集客流，保障客流安全，Mario Campanella主要介绍了车站管理中六种群体管理措施，并简单描述了反馈机制在车站群体管理中的应用，但未建立相关模型方法，主要原因为国外城市轨道交通客流拥挤程度较低，对车站客流控制无太多研究需求，国外学者更多地关注于群体控制，主要研究方法为基于微观仿真的优化方法。微观模型可以再现对向行人流自组织现象，其控制策略涵盖了行人心理、生理以及环境结构等多方面因素，具备多样性特点，但由于微观模型仿真颗粒度小，其计算时间也随着群体数量的增大和行人移动规则的增多而快速增长，而且难以构建解析方法求解行人流的最优控制策略，导致微观模型不适用于大范围客流的建模与控制。因此，微观模型适用于小规模行人群体动力学建模，只有具备强大的计算性能或者准确的解析等价模型，微观模型才能适用于区域范围行人流的实时控制和管理。

3.1.4　发展动态分析

综合以上国内外研究进展，与本书相关内容的研究趋势主要集中在：

（1）基于个体环境感知的客流集散运动的高精度仿真建模。

最初的客流集散模型以理性乘客为假设，即乘客知道目的地位置和到达目的地的最短路径，在后来的研究中逐渐加入了环境所导致的个体随机行为，使得客流集散模型更加符合实际的群体行为模式，客流集散模型的复杂度和准确度日益提高。

（2）基于寻路的枢纽客流静态导向服务策略设计。

最初的导向标识系统设计模型是以传统的选址覆盖模型为基础，以标识的"绝对引导"为前提，通过建立解析模型求出标识位置和数量。人们逐渐意识到乘客寻路行为的特点决定导向标识系统的设计需要考虑更多的不确定因素，从乘客寻路角度来评价导向标识系统的设置合理性成为更有效的有段。

（3）车站高聚集客流的高效控制策略研究。

随着车站客流需求的增加，高聚集客流集散需求与集散能力矛盾日益突出。国内外学者多从客流需求控制以及集散能力扩充的角度去解决这一问题，但枢纽内客流控制策略研究较少。

虽然车站客流集散研究内容丰富，但无论是客流集散控制，还是导向服务决策研究均未响应客流的集散需求，主要体现在：

（1）目前车站导向标识设置方法均是以导向标识绝对引导假设为前提，即乘客只要在标识引导范围内即可接受引导服务，而这不符合导向标识系统的服务特点。真实场景试验已经证实了导向标识对于日常行人方向的引导效果大于应急引导效果，导致这种现象的原因为日常情况下行人的寻路行为更为理性；导向标识的可见性随距离的增加而削弱，通过比较不同导向标识设置方案的引导效果，可以确定导向标识最优的设置位置，但距离不是影响标识可见性的单一因素，标识可见性也受到目标吸引能力以及目标在行人视野占有率的综合影响，而且多数学者认为乘客只接受最近导向标识的引导服务，未考虑多个导向标识的协同引导对于乘客寻路行为的影响。因此，在导向标识系统设置中需要融入乘客与标识微观交互特点以建立更加科学的标识布局模型，从而使得导向标识系统提供更优质的引导服务。

（2）以往研究中的车站客流控制多为在客流需求信息完备的假设条件下建立解析模型进行分析，由于无法利用实时监测的客流状态生成客流控制方案，其生成的控制方案不能动态适应不断变化的车站客流状态，动态适应性差。虽然可以借鉴一些关于群体疏散控制模型的研究成果，但其控制模型多针对小范围内群体疏散，如一个房间或一条通道，并不适用于车站内大范围的网络客流控制。

因此，轨道交通车站客流集散服务对提高综合客运枢纽集散能力、满足高聚集客流集散需求具有现实意义。本书针对车站客流集散服务问题，基于城市轨道交通车站客流集散网络结构，从导向服务和客流组织两方面提出车站导向标识布设模型和集散客流控制模型，从而更好地为乘客提供引导服务，提高设施通行能力和车站服务水平。

3.2　车站客流集散优化控制方法

由于目前客流需求与日俱增，车站能力已经不能满足客流需求，车站内拥挤严重，降低了车站服务水平和乘客满意度，在大客流的冲击下也极易引发拥挤踩踏等安全事故。城市轨道交通车站集散网络由基础设施、客运组织和导向服务三部分构成，由于车站处于地下环境，基础设施能力扩充费用较高。因此，车站管理者通常从两个方面缓解客流冲击、提高车站集散服务水平。一是从导向服务角度，通过车站内导向标识布局设计，为乘客提供良好的导向服务，减少乘客滞留时间，提升车站客流集散效率，实现车站客流有序集散；二是从客运组织角度制定具体的客流控制措施以满足一定的服务水平和安全要求。目前，主要的车站客流控制措施为限流策略，即在高峰时期，通过降低单位时间内乘客进站数量减少车站内乘客数量，缓解设施压力。

本书提出城市轨道交通车站客流集散优化控制理论的基本框架如图3-4所示。城市轨道交通车站客流集散优化控制基本框架是在分析车站客流集散网络构成的基础上，以车站基础设施拓扑结构和能力为约束，通过车站导向标识系统优化布设和车站客流集散控制，从而实现车站客流的有序集散和提高车站服务水平的过程和方法。导向标识系统布设模型实现客流在车站内的有序流动，是车站客流集散控制的前提。

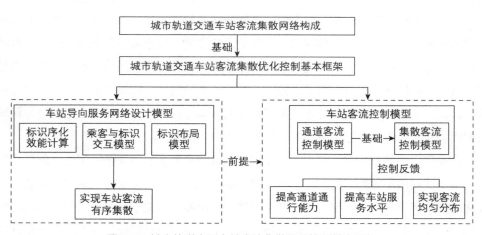

图3-4　城市轨道交通车站客流集散优化控制基本框架

3.2.1　车站导向服务系统设计

随着地铁车站向着换乘立体化、功能多元化的方向发展，车站建筑结构越来越复杂，可视化条件不确定性增加，复杂的车站空间环境易使得乘客产生空间困惑，因此，地铁车站的服务标志系统的合理设置对地铁站的正常、高效安全运营具有十分重要的意义。

车站导向服务系统设计主要包括两部分：一是导向信息内容的确定；二是导向标识位置的选取。根据车站集散网络的结构特点和流线方向，导向信息内容可以根据目的地数量和目的地方向不同而确定。导向标识位置的选取需要考虑到导向标识的引导范围以及导向标识与乘客的交互特点等因素。导向标识的引导范围越大，标识所引导的乘客数量也就越多，所需设置的导向标识的数量也就越少；而导向标识与乘客交互的不确定性越大，标识所引导的乘客数量也就越少，所需导向标识的数量也就越多。导向标识的引导范围主要受到标识大小、色彩对比度等因素的影响，标识引导范围与标识特点关系分析不在本书研究范围之内。本书提出标识导向服务水平的计算方法，并使之成为标识布局的约束条件，即标识布局需要满足一定的导向服务水平。

从宏观角度分析，标识引导效能是指标识引导乘客向其目的地靠近的能力，可由无标识情况下与有标识情况下乘客寻路距离的差值决定。令无标识下乘客的寻路距离为d_n，有标识下乘客的寻路距离为d_s，那么，$d_n \geq d_s$，标识引导效能为：

$$G_e = d_n - d_s \tag{3-5}$$

车站导向标识布局优化主要是以一定或者现存标识数量为约束，以标识引导效能最大为目标，优化车站导向标识位置，使车站内乘客能够高效完成乘车出站等活动。可以等价为最大覆盖选址问题。然而，由于导向标识成本较低，车站导向标识系统也可以重新设计。因此，本书提出了车站导向标识的布局设计模型。导向标识系统布局设计问题可归纳为以最少的导向标识数量和最优的设置位置满足一定比例客流的引导需求，可以等价为集合覆盖选址问题。最大覆盖选址问题和集合覆盖选址问题互为对偶问题，所以导向标识布局设计模型与导向标识布局优化模型互为对偶问题，这为导向标识布局设计模型提供了求解思路。车站导向标识的布设问题需要首先分析在标识引导下乘客移动特点，其次建立标识微观引导效能和乘客引导需求的计算模型以及乘客与标识交互模型，最后建立车站导向标识布局设计模型。

3.2.2　车站集散客流控制

1. 车站客流控制定义

城市轨道交通客流控制是指当城市轨道交通线网负荷超过其承载能力，或线网服务水平超过乘客所能接受的范围时，为了保证乘客能够顺利安全地完成地铁出行，制定合理的客流控制方案，使得客流能够在线网内安全及时接受服务，避免由于客流过多引发事故。城市轨道交通客流控制按级别分为车站级客流控制（站控）、单线级客流控制（线控）和线网级客流控制（网控）。

站控主要针对单个车站面临大客流时的高度客流拥挤问题，通过减少进站客流，改善站内客流秩序，保障乘客人身安全；线控主要解决单一线路换乘站换乘大客流，通过控制该线路其他车站的进站客流，降低列车到达换乘站的满载率，确保换乘客流的畅通；网控主要控制到达换乘站的换乘大客流，缓解换乘站的客流压力。通过以上三种方式有效控制进站客流和换乘客流，确保线网客流组织安全有序。不管是站控、线控还是网控，最终控制单元均为车站，因此，本书主要研究内容之一也是车站集散客流的控制。

目前，国内城市轨道交通车站的客流控制大多采取经验控制方法，主要的控制措施包括：①设施回旋"铁马"，延长乘客走行距离，而此措施的本质为延长乘客的走行时间，减少客流通过速率，从而降低下游通道的通行压力。根据时间、距离和速度的关系，此类客流控制措施也可以等价为降低乘客的走行速度，从而延长乘客的走行时间。②在通道入口处控制进入通道的宽度。此措施的实际作用为控制通道客流流入量，从而降低通道的通行人数，提高服务水平。③控制垂直设施、闸机、出入口开放数量，其中垂直设施为楼梯、自动扶梯的组合，这里的开放数量是指在高峰时会因为控制进入站台的客流封闭其中一个元素。此类客流控制措施也是为了控制乘客流入量，与第②种措施的实际作用相同。

综上，车站客流的控制一般通过限流措施或者间接调整乘客走行速度、减少单位时间内进入枢纽或通道内部的客流数量以减轻设施压力、提高服务水平。但是，在实践中，管理人员往往通过经验判断客流控制时间和指标，并不能有效地实现客流的最优控制。

目前，国内地铁站大多已经实现了视频监控，如广州地铁站内设置3000个摄像头实现车站全面监控，通过视频监控可以实时获取车站各部位客流状态信息，但这些信息主要用于车站安全管理，很少用于车站集散客流优化控制研究。因此，本书基于车站智能感知技术的发展基础，提出了城市轨道交通车站客流控制的一般框架。

2. 车站客流控制框架

城市轨道交通车站客流控制是基于客流监测和客流状态感知技术，实时获取车站内各设施的客流状态，根据车站客流分布状态的预测结果，自动生成客流控制指标并选择合适的客流控制措施，满足车站服务水平要求。车站客流控制相关的指标车站设施客流状态变化规律，如客流密度和客流量等。

城市轨道交通车站客流实时控制的实施过程（如图3-5所示）主要包括客流状态感知、客流状态预测、客流控制方案生成、客流控制方案实施四个阶段。客流状态感知主要是通过设置在车站内部的传感监控等客流感知设备获取客流原始图像等数据，在经过无线或有线传输至车站控制中心，经过图像处理获取设施客流状态，包括流量、密度和乘客速度等。

客流状态预测是指根据处理获取的客流状态数据，采用车站客流演变模型预测未来各设施客流流量、密度和速度等指标。

客流控制方案生成则是在预测所得客流状态超过阈值的情况下，通过运行客流控制模型，获取客流的控制指标，包括各个设施的客流进入量，控制阈值可根据乘客所能接受的服务水平和车站平均服务时间而定。

客流控制方案实施是指在客流控制指标的指导下，选择合适的客流控制措施，对车站客流进行管理以达到客流集散优化控制的目的，这些控制措施包括在控制区域安排管理人员或者设置设施组织引导客流，通过车站PIS系统向乘客发布管理指令等。

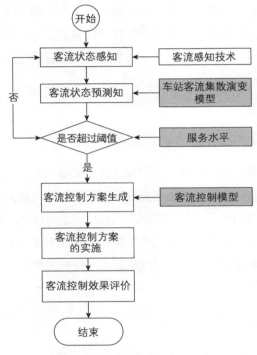

图3-5　车站客流实时控制框架

本书主要对车站客流控制中客流状态预测和客流控制方案生成进行研究，分别建立了车站集散客流演变模型和客流控制模型。根据客流拥堵范围的大小，车站客流控制类型分为通道客流控制和集散客流控制。在客流拥堵范围较小时，如车站内只有一条通道拥堵，且并未波及其他设施，车站工作人员可以集中管控拥堵设施的客流。由于通道客流控制需要避免造成拥堵传播，通道客流控制主要适用于进站口的进站通道或者是临近站台的出站通道等。由于通道客流控制所涉及的范围较小，控制措施可以较为精细，既可以采取限流措施，也可以调整乘客走行速度，为车站集散客流控制奠定了理论基础。在车站内出现大范围客流拥堵情况下，需要从网络范围控制客流才能快速缓解车站集散网络的客流拥堵。由于集散客流控制涉及的车站设施多、范围广，集散客流控制既要通过限制各个设施的客流流入量提高车站服务水平，也要调整局部客流的走行速度实现客流分布均匀，从而提高设施能力利用的均衡度。

3.3　车站客流集散优化控制意义

城市轨道交通承担着大量乘客的运输、中转和换乘等任务，车站集散客流的控制和优化对于挖掘车站集散能力、提高车站服务水平具有重要意义，具体表现在：一方面，面向车站客流引导需求，导向标识布设研究可提升车站导向服务水平，为乘客提供良好的导向服务，减少乘客寻路时间和滞留时间，提高车站客流的有序度；另一方面，面向车站客流控制方案生成需求，车站客流集散优化控制可以为车站管理人员提供科学实时的客流控制方案，提高站内设施服务水平和通行能力。最后，面向车站客流智能化管控需求，车站客流集散优化控制模型与现有客流检测感知设备与自动化设施相结合，可以实现客流的智能化控制，提升车站管理效率和服务水平。

3.4　本章小结

本章描述了目前车站客流管控的基本理论和方法，提出了车站客流集散控制基本框架。在客流导向方面，本章提出导向标识设计需要充分发挥标识引导效能，以最少标识数量满足乘客引导需求，并阐述了面向客流序化控制的导向标识布设模型的建立过程。在客流控制方面，本章提出了基于反馈机制的车站客流控制的基本框架，包括客流状态感知、预测和客流控制方案的生成与实施等。最后，本章阐述了车站客流集散优化控制的意义。

本章参考文献

[1] Zhang Q, Han B, Li D. Modeling and simulation of passenger alighting and boarding movement in Beijing metro stations[J]. Transportation Research Part C: Emerging Technologies, 2008, 16(5): 635-649.

[2] Weifeng F, Lizhong Y, Weicheng F. Simulation of bi-direction pedestrian movement using a cellular automata model[J]. Physica A: Statistical Mechanics and its Applications, 2003, 321(3): 633-640.

[3] Ren-Yong Guo, Hai-Jun Huang, and SC Wong. Route choice in pedestrian evacuation under conditions of good and zero visibility: Experimental and simulation results. Transportation research part

B: methodological, 46(6): 669{686, 2012.

[4] Hao Y, Bin-Ya Z, Chun-Fu S, et al. Exit selection strategy in pedestrian evacuation simulation with multi-exits[J]. Chinese Physics B, 2014, 23(5): 050512.

[5] Helbing D, Molnar P. Social force model for pedestrian dynamics[J]. Physical review E, 1995, 51(5): 4282.

[6] Gipps P G, Marksjö B. A micro-simulation model for pedestrian flows[J]. Mathematics and computers in simulation, 1985, 27(2): 95-105.

[7] Hughes R L. A continuum theory for the flow of

pedestrians[J]. Transportation Research Part B: Methodological, 2002, 36(6): 507−535.

[8] Daganzo C F. The cell transmission model: A dynamic representation of highway traffic consistent with the hydrodynamic theory[J]. Transportation Research Part B: Methodological, 1994, 28(4): 269−287.

[9] Cruz F R B, Smith J M G, Medeiros R O. An M/G/C/C state−dependent network simulation model[J]. Computers & Operations Research, 2005, 32(4): 919−941.

[10] Cruz F R B, Smith J M G. Approximate analysis of M/G/c/c state−dependent queueing networks[J]. Computers & Operations Research, 2007, 34(8): 2332−2344.

[11] Xu X, Liu J, Li H, et al. Analysis of subway station capacity with the use of queueing theory[J]. Transportation research part C: emerging technologies, 2014, 38: 28−43.

[12] Fruin J(1971)Pedestrian planning and design (Metropolitan Association of Urban Designers and Environmental Planners)

[13] 鲍宁, 董玉香, 苏涛. 北京地铁车站导向标识系统调查分析[J]. 都市快轨交通, 2009,06: 23−28.

[14] 郭凡良, 禹丹丹, 董宝田. 基于人与环境交互作用的交通枢纽导向标识布局评估[J]. 西南交通大学学报, 2015, 50(4): 597−603.

[15] 梁英慧, 张喜, 韩艳欣. 高铁客运站旅客导向标识系统优化算法研究[J]. 交通运输系统工程与信息, 2011,11(06): 157−163.

[16] 孔键, 束昱, 马仕, 等. 地铁车站服务标志系统功效综合评价[J]. 同济大学学报（自然科学版）, 2007, 35(8): 1064−1068.

[17] Tam M L. An optimization model for wayfinding problems in terminal building[J]. Journal of Air Transport Management, 2011, 17(2): 74−79.

[18] Tam M, Lam W H K. Determination of service levels for passenger orientation in Hong Kong International Airport[J]. Journal of Air Transport Management, 2004, 10(3): 181−189.

[19] 岳昊, 邵春福, 关宏志, 崔迪. 大型行人步行设施紧急疏散标志设置[J]. 北京工业大学学报, 2013,06: 914−919.

[20] Chen C, Li Q, Kaneko S, et al. Location optimization algorithm for emergency signs in public facilities and its application to a single−floor supermarket[J]. Fire Safety Journal, 2009, 44(1): 113−120.

[21] Church R, Velle C R. The maximal covering location problem[J]. Papers in regional science, 1974, 32(1): 101−118.

[22] Wang X, Zheng X, Cheng Y. Evacuation assistants: An extended model for determining effective locations and optimal numbers[J]. Physica A: Statistical Mechanics and its Applications, 2012, 391(6): 2245−2260.

[23] Takimoto K, Tajima Y, Nagatani T. Effect of partition line on jamming transition in pedestrian counter flow[J]. Physica A: Statistical Mechanics and its Applications, 2002, 308(1): 460−470.

[24] Helbing D, Farkas I, Vicsek T. Simulating dynamical features of escape panic[J]. Nature, 2000, 407(6803): 487−490.

第4章 基于序化控制的城市轨道交通车站导向标识布局设计

本章采用自下而上的分析方法，首先介绍了车站导向标识与乘客微观交互的特点，描述了单个导向标识序化效能以及导向标识系统协同引导效能的计算方法；然后，以导向标识设置数量最小为目标，以导向服务水平为约束建立了导向标识布局优化模型，并设计启发式算法对模型求解；最后，通过案例分析证明模型的实用性和有效性。

4.1 导向标识序化效能与乘客引导需求

本章所研究的导向标识是指示进出站以及换乘乘客行进路线、方向的标识，承载着乘客目的地方向的指示信息。该标识一般以图形、文字以及具有方向指示功能的箭头的组合形式出现。如图4-1所示为指示车站出口方向的导向标识，主要为出站乘客提供方向引导服务。通常情况下，乘客在行走过程中需要连续确认方向，多个导向标识的协同配合和重复设置才能实现客流连续引导。因此，整个车站都可能成为引导服务的需求空间。为叙述方便，本书将导向标识简称为标识。

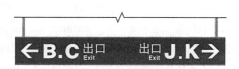

图4-1 车站出口导向标识

首先定义客流序化控制的定义：

定义1：客流序化控制是指通过实施一系列作用或者手段，使得客流从目前次序变为期望次序。客流序化控制过程是指在能够对客流状态产生影响的时间或位置，以改变乘客行为方式使客流从当前次序向期望次序转化的时空事件序列。

导向标识作为引导服务设施，在实现车站客流序化控制、优化车站客流集散过程等方面起到重要作用。在标识的引导下，车站内乘客的移动会具有目的性和方向性，不会漫无目的地游走。按照乘客类型不同，乘客移动的目的地有出站口、列车，分别对应出站乘客、进站乘客和换乘乘客，乘客移动方向是指向目的地的方向，此时客流具有较高的有序度。反之，若不存在导向标识的引导，乘客移动具有盲目性，移动方向的随机性较大，此时客流表现为杂乱无序。因此，导向标识作为引导服务设施，其目的是使得客流向目的地作有序运动，即实现客流的有序化集散。如图4-2所示，在无标识引导下，乘客不知出口位置，需要随机选择方向寻找出口，此时乘客的移动方向杂乱无章，次序混乱；随着标识数量的增加，越来越多的乘客可以根据标识的指示方向移动；当标识增加到一定数量时，全部乘客均能从标识获取出口方向和位置，从而实现向目的地方向的有序运动。

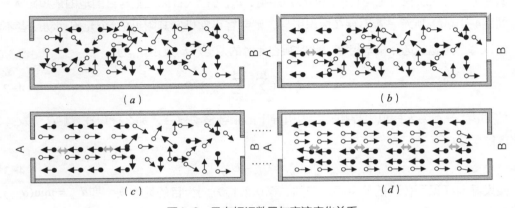

图4-2　导向标识数量与客流序化关系

（a）无导向标识；（b）一个导向标识；（c）两个导向标识；（d）多个导向标识

车站导向标识设置的目标为通过在车站内设置一定数量的导向标识，实现乘客群体对目的地方向和位置的全息认知，从而使得乘客的移动具有目的性和方向性。从经济的角度出发，标识的设置数量应尽量少，从连续引导的角度出发，标识的引导范围应覆盖全部的引导服务需求空间。为了量化标识序化控制能力，本章提出了标识的序化效能概念和计算方法。

定义2：车站导向标识的序化效能是指标识使得乘客向目的地方向移动的能力，代表了导向标识的微观服务或引导能力。序化效能与上文提到的引导效能存在概念范围的差异和联系，序化效能强调微观层面标识系统对乘客的引导能力，而引导效能强调宏观层面标识系统的导向服务能力，引导效能可以认为是序化效能在连续时空的合力。

根据元胞自动机理论，可以将乘客移动空间离散为元胞集合，根据每个乘客所占据的平均面积，每个元胞的长、宽各为0.4m。移动空间内每个元胞位置的移动收益是通过元胞至目的地的最短欧氏距离（以下简称距离）求得。在标识引导下，乘客可以准确判断每个元胞的移动收益，选择其中拥有最大移动收益值的位置作为自己下一时间步的目标位置；然而，在无标识引导下，乘客不知道周围元胞的收益大小，行人可以随机向自己周围方向移动。那么，在标识引导下，乘客的移动效用为乘客与安全出口距离的减小值，而在无标识引导下，乘客的移动效用为行人与目的地距离的期望减小值。这两种情况下乘客移动效用的差值即为标识的序化效能。

如图4-3所示，假设灰色元胞的乘客不熟悉车站信息，若存在导向标识的引导，如图4-3（b）所示，则该乘客可以判断邻居元胞的移动收益，进而按照距离递减的方向前进，令乘客所在元胞坐标为(i, j)，$i=1, 2, 3... I, j=1, 2, 3... J$，目标元胞坐标为$(ti, tj)$，此时乘客移动效用$U_{i,j}^{g}$为：

$$U_{i,j}^{g} = d_{i,j} - d_{ti,tj} \qquad (4-1)$$

其中$d_{i,j}$为行人所在元胞与目的地的最短距离，$d_{ti,tj}$为行人目标元胞与目的地的最短距离。

如图4-3（a）所示，若不存在标识引导，则乘客可随机向其附近的8个元胞移动或者不移动。假设每个元胞的选择概率相等，此时乘客此时的期望移动效用$U_{i,j}^{s}$为：

$$U_{i,j}^{s} = d_{i,j} - (\sum_{m=i-1}^{i+1} \sum_{n=j-1}^{j+1} d_{m,n})/9 \qquad (4-2)$$

$U_{i,j}^{s}$和$U_{i,j}^{g}$分别为无标识引导和有标识引导下的乘客移动效益，那么标识在元胞(i, j)发挥的序化效能$G_{i,j}^{e}$为：

$$G_{i,j}^{e} = U_{i,j}^{g} - U_{i,j}^{s} \qquad (4-3)$$

假设导向标识所传递的信息是正确的，标识所指方向为目的地方向，即$d_{ti,tj} = \min(d_{m,n})$，此时导向标识在元胞$(i, j)$可以发挥最大的序化效能$G_{i,j}^{me}$。

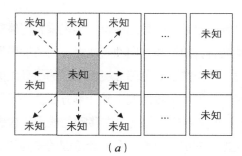
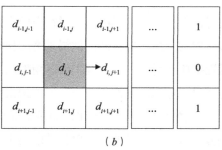

图4-3　无标识和有标识引导下乘客走行方向
（a）无标识；（b）有标识

令乘客群体对环境的平均熟悉程度为w，$0 \leq w \leq 1$表示乘客选择收益最大的元胞(ti, tj)的概率为w，$w=1$表示乘客完全熟悉自己目的地位置和方向，并在每次移动是都会选择收益最大的元胞，这种移动称之为微观有序运动。那么，考虑到熟悉程度的影响，无引导下乘客移动收益为：

$$U_{i,j}^{\mathrm{f}} = w U_{i,j}^{\mathrm{g}} + (1-w) U_{i,j}^{\mathrm{s}} \qquad (4\text{-}4)$$

那么标识在元胞(i, j)发挥的序化效能$G_{i,j}^{\mathrm{e}}$为：

$$G_{i,j}^{\mathrm{e}} = U_{i,j}^{\mathrm{g}} - U_{i,j}^{\mathrm{f}} \qquad (4\text{-}5)$$

根据上式可知，$w=1$时$G_{i,j}^{\mathrm{e}} = U_{i,j}^{\mathrm{g}} - U_{i,j}^{\mathrm{f}} = 0$。此时乘客完全熟悉目的地位置和方向，标识不能对该乘客发挥序化效能。

理性或者熟悉车站环境的乘客在每一步移动时总是移向效用最大的元胞(ci, cj)，那么理性乘客可实现的移动效用为$U_{i,j}^{\mathrm{c}} = d_{i,j} - d_{ci,cj}$，因而不熟悉车站环境的乘客的引导需求为$D_{i,j}^{\mathrm{g}} = U_{i,j}^{\mathrm{c}} - U_{i,j}^{\mathrm{s}}$。当乘客完全熟悉车站环境和路线即$w=1$时，乘客无引导需求$D_{i,j}^{\mathrm{g}} = 0$。因此，考虑乘客的熟悉程度$w$，乘客引导需求为：

$$D_{i,j}^{\mathrm{g}} = (1-w)(U_{i,j}^{\mathrm{c}} - U_{i,j}^{\mathrm{s}}) \qquad (4\text{-}6)$$

如果标识指向的元胞位置与效用最大元胞位置相同，即$(ti, tj) = (ci, cj)$，那么在乘客接受标识的引导服务后，标识的序化效能可以满足乘客的引导需求，即$G_{i,j}^{\mathrm{e}} = D_{i,j}^{\mathrm{g}}$。

引导需求和效能计算举例：如图4-4所示，假设左边灰色元胞中的乘客需要通过出口出站，元胞中已显示各个元胞与出口的最短距离。若乘客不知道出口的位置，那么乘客的移动效用为：

$$U_{i,j}^{\mathrm{s}} = 2 - (1+2+3+1.414\times2+2.414\times2+3.414\times2)/9 = -1.276$$

若乘客知道出口的位置，那么乘客下一步移动位置为右侧距离出口为1的元胞，其最大移动效用为$U_{i,j}^{\mathrm{g}} = 2-1 = 1$。令乘客的熟悉程度$w=0.4$，无引导下灰色元胞乘客的期望移动效用为$U_{i,j}^{\mathrm{f}} = (1-0.4)\times(-1.276) + 0.4\times1 = -0.3656$，此时我们需要标识提供的序化效能为$G_{i,j}^{\mathrm{e}} = 1-(-0.3656) = 1.3656$。对于完全不熟悉的乘客而言，引导需求为$D_{i,j}^{\mathrm{g}} = 1-(-1.276) = 2.276$，此时我们需要标识提供的序化效能为$G_{i,j}^{\mathrm{e}} = 2.276$。

根据以上分析，可以从乘客的角度进一步理解最大序化$G_{i,j}^{\mathrm{me}}$的意义。$G_{i,j}^{\mathrm{me}}$表达了每个元胞乘客在标识引导前后所获得移动收益的差值大小，而差值的大小也表示了每个元胞的乘客

3.414	2.414	1.414	
3	2	1	出口
3.414	2.414	1.414	

图4-4　引导需求计算举例

对于引导服务的需求程度，差值越大，引导需求的权重越高，差值越小，引导需求的权重越低。

图4-5（a）为20m×20m空间出口引导需求分布情况，图4-5（b）为该空间乘客移动轨迹的集合（轨迹簇）。通过比较两图可知，引导需求分布与轨迹簇密集程度分布情况基本一致，并且引导需求最大的点即为簇节点法所得的标识设置点（星号），这说明本章引导需求与文献中的簇节点标识布局法有异曲同工之处，间接证明了引导需求计算方法的合理性。

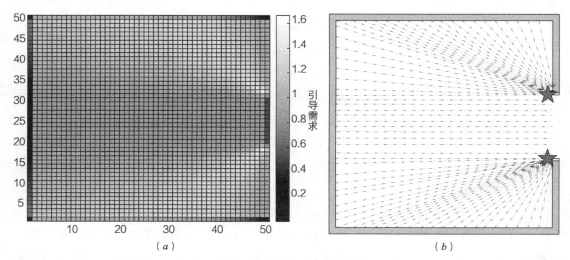

（a）　　　　　　　　　　　　　　　　（b）

图4-5　引导需求分布与乘客移动轨迹簇比较
（a）引导需求权重；（b）乘客移动轨迹簇

4.2　导向标识与乘客的交互模型

为便于模型的分析和建立，假设标识的指示方向信息是正确的，即$(t_i, t_j) = (c_i, c_j)$，并且标识设置高度相同。在此前提下，标识能够发挥最大序化效能的前提是乘客与标识的成功交互。乘客与标识交互模型的假设为乘客视野和标识的引导范围为圆形。行人与标识的交互可以分为三个阶段：标识感知、信息解读和方向决策。标识感知是指乘客能够注意标识并且看清标识的信息；信息解读是指乘客能够理解标识所传递的信息；方向决策是指乘客是否会按照标识所指方向行走。这三个阶段是按顺序依次发生的。

在标识感知阶段，标识观察距离是影响乘客能否感知标识的主要影响因素，若观察距离越近，则乘客更容易注意标识的存在，看清标识上的信息。以往研究中，标识感知概率被描述为关于观察距离的单调连续递减函数，而也有研究认为标识在一定距离范围内是绝对可见的，这个距离也被称作标识的可信可见距离。因此，基于以上研究，采用分段函数的形式表示感知概率与观察距离的关系，即在一定距离之内标识可以被绝对感知，但超出一定距离范围外的标识感知概率随距离增加而线性递减。令标识g的坐标为(m, n)，元胞(i, j)的乘客p感知标识g，$g=12$，$3...M$的概率φ_{pg}为：

$$\varphi_{pg} = \begin{cases} 1, d_{i,j}^{m,n} \leq d_{\min} \\ (d_{\max} - d_{i,j}^{m,n}) / (d_{\max} - d_{\min}), d_{\min} < d_{i,j}^{m,n} \leq d_{\max} \\ 0, d_{i,j}^{m,n} > d_{\max} \end{cases} \quad （4-7）$$

其中，$d_{i,j}^{m,n}$为元胞(i, j)的行人与导向标识g的水平距离。如图4-6所示，当$d_{i,j}^{m,n} \leq d_{\min}$时，行人可以一定能够感知到标识；当$d_{\min} \leq d_{i,j}^{m,n} \leq d_{\max}$时，标识感知概率随着距离增加而线性递减；此时$d_{\min}$可以称为区分绝对感知和概率感知的临界距离；当$d_{ij} \geq d_{\max}$时，乘客无法感知标识存在，因为$d_{\max}$是标识的最大可见距离。

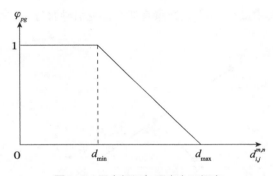

图4-6　导向标识与乘客交互概率

在信息解读阶段，乘客的文化背景和理解能力是决定乘客能否看懂标识信息的主要影响因素，在实际调查中，由于标识经常出现在人们的日常生活中，100%的人均能理解标识的信息。因此，信息解读对于乘客与标识交互的影响甚微，可以被忽略。

在方向决策阶段，乘客对于标识的信任程度是影响其是否按照标识指示方向行走的主要因素，通常采用信任因子$\alpha \in [0,1]$表示乘客遵守标识指示的概率。$\alpha = 1$表示乘客完全信任标识信息，并按照标识指示的方向移动；$\alpha = 0$表示乘客不信任标识，根据自己的判断确定行走方向。综上，元胞(i, j)的乘客p与导向标识g成功交互的概率为：

$$\phi_{pg} = \begin{cases} \alpha, d_{i,j}^{m,n} \leq d_{\min} \\ \alpha(d_{\max} - d_{i,j}^{m,n}) / (d_{\max} - d_{\min}), d_{\min} < d_{i,j}^{m,n} \leq d_{\max} \\ 0, d_{i,j}^{m,n} > d_{\max} \end{cases} \quad （4-8）$$

每个标识的引导范围可认为是圆形区域（即使不是圆形，也可通过设置多个标识构建近似圆形的引导范围）（如图4-8（a）所示），但当乘客与标识之间存在障碍物（如梁柱、楼梯等）时，由于视线遮挡，标识也不能引导该乘客。假设乘客p、标识g以及障碍物b的坐标分别为(x_i, y_i)、(x_j, y_j)和(x_b, y_b)，如图4-7所示。那么，障碍物与乘客和标识连接线的距离为：

$$d_{p,g}^b = \frac{|ay_b + bx_b + c|}{\sqrt{a^2 + b^2}} \qquad (4\text{-}9)$$

其中：$a = x_j - x_i, b = y_j - y_i, c = y_j x_i - x_j y_i$

定义3：在乘客与标识之间存在障碍物的情况下，定义视线遮挡阈值d_b和决策变量σ_{pg}判断元胞(i, j)的乘客p能否接受标识g的引导服务：

$$\sigma_{pg} = \begin{cases} 1, & d_{p,g}^b > d_b \\ 0, & d_{p,g}^b \leqslant d_b \end{cases} \qquad (4\text{-}10)$$

$\sigma_{pg} = 1$表示乘客p能接受标识g的引导服务，反之则不能接受引导服务。若乘客与标识之间存在多个障碍物，选取其中最小的$d_{p,g}^b$判断乘客能否接受引导服务。

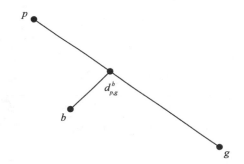

图4-7　障碍物与乘客、标识距离

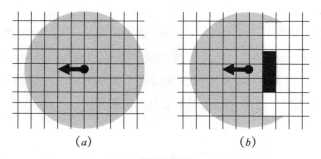

图4-8　障碍物遮挡效应示意图

注：灰色元胞为引导空间，白色元胞为引导盲区，黑色元胞为障碍物

再次考虑车站障碍物的遮挡效应，可将式（4-8）与式（4-10）整合为以下公式：

$$\phi_{pg} = \begin{cases} \sigma_{pg}\alpha, d_{i,j}^{m,n} \leqslant d_{\min} \\ \sigma_{pg}\alpha(d_{\max} - d_{i,j}^{m,n})/(d_{\max} - d_{\min}), d_{\min} < d_{i,j}^{m,n} \leqslant d_{\max} \\ 0, d_{i,j}^{m,n} > d_{\max} \end{cases} \quad （4-11）$$

假设乘客的视野搜索范围为圆形（实际上乘客可通过扭动头部或者转动身体搜索标识），乘客可以与不同方向的标识进行交互。那么，在独立分布条件下，元胞(i,j)的乘客能够成功获得标识系统引导服务的概率为：

$$\phi_p = 1 - \prod_{g=1}^{M}\left(1 - \varphi_{pg}\right) \quad （4-12）$$

其中M为导向标识的数量，上式说明多个导向标识可以对同一乘客进行引导，体现了导向标识系统协同引导的特点。那么考虑乘客熟悉程度的影响，乘客向最近元胞移动的概率$S_{i,j}$为：

$$S_{i,j} = 1 - (1 - \phi_p)(1 - w) \quad （4-13）$$

假设乘客可接受2个标识的引导，交互概率分别为$\phi_{p1} = 0.5$、$\phi_{p2} = 0.4$，乘客能够成功获得标识系统引导服务的概率为$\phi_p = 1 - (1 - 0.5) \times (1 - 0.4) = 0.7$

4.3　导向标识系统布局模型

在实际运营过程中，服务提供者期望服务设施能够尽可能满足需求，而需求的满足与否取决于需求满足程度的阈值。作为引导服务设施，导向标识系统也不例外。因此，导向标识系统应该以一定的交互概率尽可能多地满足乘客的导向需求。本章定义交互概率阈值θ以决定乘客能否接受引导服务。

$$C_{i,j} = \begin{cases} 1, S_{i,j} \geqslant \theta \\ 0, \text{else} \end{cases} \quad （4-14）$$

$C_{i,j} = 1$表示元胞(i,j)的乘客可以获得引导服务，否则不能获得引导服务。车站导向标识系统的引导效能G^e为：

$$G^e = \sum_{i=1}^{I}\sum_{j=1}^{J} C_{i,j} G_{i,j}^e \quad （4-15）$$

令$\omega_{i,j} = D_{i,j}^g$。从引导服务供给和需求的角度，导向标识系统布局为在乘客与标识交互概率阈值θ的约束下，寻找导向标识的最少设置数量和最优设置位置，以满足导向服务水平要求。本章定义导向标识系统的引导或导向服务水平β为引导需求得到满足的比例，即$\beta = G^e / G$。

导向标识系统布局模型如下：

$$\min \sum_{m=1}^{I} \sum_{n=1}^{J} X_{m,n}$$

$$\text{s.t.} \begin{cases} \beta \geqslant \beta_l \\ S_{i,j} = 1 - (1-\phi_p)(1-w) \\ C_{i,j} = 0 \text{ or } 1 \\ X_{m,n} = 0 \text{ or } 1 \end{cases} \quad (4-16)$$

上式中$X_{i,j}$为选址决策变量，若$X_{i,j}=1$，则在元胞(i,j)处设置导向标识，否则$X_{i,j}=0$。β_l为最低导向服务水平要求。

4.4 模型求解与验证

4.4.1 模型求解算法

模型（4-16）等同于协同选址集合覆盖问题（Cooperative Location Set Cover Problem，CLSCP），此类模型由Oded Berman提出，并成为集合覆盖模型的一般形式，非常适用于由于各种因素导致的服务设施不能完全覆盖和设施之间联合进行覆盖的情况。覆盖选址问题已经被证明为NP-hard问题，针对选址问题，目前存在大量可行求解算法，包括粒子群优化算法，遗传算法等。协同选址集合覆盖问题的对偶问题为协同覆盖选址模型（Cooperative Maximum Covering Location Problem，CMCLP），Oded Berman提出了求解CMCLP的启发式算法（heuristic search，HS）。本章基于HS算法和指数二分搜索算法（Exponential Binary Search，EBS）提出求解协同选址集合覆盖问题的联合启发式搜索算法（Combined Heuristic Search Algorithm，EBHS）。EBS算法可以寻找模型可行解的上界和下界，而HS算法则提供上下界的更新依据。

令G_M^e为M个疏散标识所组成的标识系统所能提供的最大序化效能。EBS算法中的指数搜索算法为二分查找算法快速确定可行解的上下界，二分查找算法则可以在上下界内搜索得到最优解，EBS算法在搜索过程中通过调用HS算法，求得不同数量标识所能提供G_M^e。EBS算法描述如下：

step 1：令$r=1$。

step 2：令$m(r)=2^r$，$M=m(r)$，转至HS算法求最优解G_M^e。

step 3：如果$G_{m(r)}^e \geqslant \beta_l G$，转到第4步，否则，$r=r+1$转至第2步。

step 4：令$t=1$，$L=m(r-1)$，$U=m(r)$，$m(t)=(L+U)/2$，令$M=m(t)$，转至HS算法求最优解G_M^e。

step 5：如果$L \geqslant U$算法停止，否则继续第6步。

step 6：如果 $G_M^c \geqslant \beta_l G$，$U=(L+U)/2$，$L=L$，否则，$L=(L+U)/2$，$U=U$，令 $t=t+1$ 转至第 4 步。

HS算法描述如下：

step 1：随机选择 M 个选址点。

step 2：对于每个导向标识，保持其他 $M-1$ 个导向标识的位置不变，更新被选取的导向标识的位置使得 G_M^c 最大，被选取导向标识的位置更新集合为 $U=\{i,j \mid C_{i,j}=0\}$。

step 3：如果对于每个疏散标识的位置，M 次连续的更新不能增加 G_M^c，则停止迭代；否则继续第二步。

4.4.2　模型验证方法

为了验证本章提出的车站导向标识设置方法的有效性，需要模拟比较不同标识设置情况下的客流集散效率。本章采用元胞自动机（CA）模型对乘客的行为进行模拟。CA模型的介绍可参考本书3.1.1节。

传统CA模型假设乘客已经确切知道安全出口位置和方向，并且将乘客移动空间等分为相同大小的元胞（$0.4m \times 0.4m$），乘客每一步的目标为移动收益最大的元胞位置。元胞的移动收益等于元胞的位置到目的地的距离，距离越小，则元胞的移动收益越大，距离越大，则元胞的移动收益越小。

在乘客移动过程中不可避免地会发生多个行人竞争同一个元胞的情况，因此需要定义乘客移动的冲突解决机制。在乘客冲突情况下，目标元胞按照一定的概率分配至每个竞争乘客，显而易见的是离目标元胞较近的乘客占用目标元胞的概率更高。因此，定义相对静态场描述冲突情况下竞争乘客与目标元胞的距离关系，如图4-9所示。图4-10为两个乘客竞争同一元胞（0,0）的情况，$M_{-1,-1}$ 和 $M_{0,-1}$ 分别表示两个乘客到元胞（0,0）的距离，因此灰色元胞的乘客

$M_{-1,-1}$	$M_{-1,0}$	$M_{-1,1}$
$M_{0,-1}$	目标元胞	$M_{0,1}$
$M_{1,-1}$	$M_{1,0}$	$M_{1,1}$

图4-9　相对静态场

$$p_1 = M_{0,-1} / (M_{0,-1} + M_{-1,-1}), p_2 = M_{-1,-1} / (M_{0,-1} + M_{-1,-1})$$

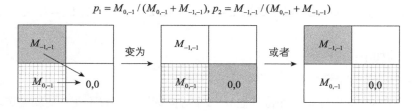

图4-10　CA模型中行人冲突解决机制

移向元胞（0,0）的概率为$M_{0,-1} / (M_{-1,-1} + M_{0,-1})$，而阴影元胞的乘客移向元胞（0,0）的概率为$M_{-1,-1} / (M_{-1,-1} + M_{0,-1})$。显然，由于阴影元胞离目标元胞（0,0）更近，该元胞的乘客更有可能占据目标元胞。

在仿真模型中，乘客通过感知标识所传递的信息，判断自己下一步的移动方向和位置。本章通过借鉴传统CA模型的特点，提出改进后的CA模型的演化规则。

（1）对于熟悉或者获得引导服务的行人，其下一步移动方向为移动收益最大的元胞位置；即：

$$K^{i,j} = K_{i,j}^{g} \qquad (4-17)$$

其中$K^{i,j}$表示元胞(i,j)的行人下一步移动方向，$K_{i,j}^{g}$表示收益最大元胞的方向。

（2）对于不熟悉且不能获得引导服务的行人，其下一步移动方向为Moore型（如图4-11所示）邻居元胞的大部分行人的移动方向或者随机选择寻路方向。此时，元胞(i,j)的行人下一步移动方向$K^{i,j}$为：

$$K^{i,j} = (\gamma K_{f}^{i,j} + (1-\gamma) K_{s}^{i,j}) \qquad (4-18)$$

其中$K_{f}^{i,j}$表示Moore型（如图4-11所示）邻居元胞的大部分乘客的移动方向，用来描述乘客寻路过程的从众行为；$K_{s}^{i,j}$表示乘客随机选择的方向；$\gamma \in [0,1]$表示乘客从众意愿。$K_{f}^{i,j}$的计算公式如下：

$$K_{f}^{i,j} = \{d \mid (N_{d}^{dir} = max(N_{k}^{dir})\} \qquad (4-19)$$

其中N_{k}^{dir}为Moore型邻居元胞中选择方向k的乘客数量。

对于随机选择寻路方向的乘客，其寻路策略如下：首先乘客可随机选择一个方向寻路，可选方向为9个方向，分别记为$k=1, 2, 3...9$，如图4-11所示。若乘客选择第k个方向，则该乘客一直按照此方向移动，当乘客遇到障碍物时，该乘客立即随机选择除$10-k$以外的方向。此寻路策略可以避免乘客在已经走过的路径重复寻路过程，比较符合乘客寻路习惯。

为了评估车站导向标识的引导效果，提出乘客走行时间T评估标识系统引导效果，其值可

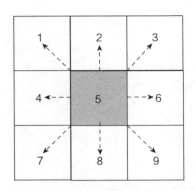

图4-11 迷失乘客的寻路方向集合

在仿真结束后获得。根据上文客流有序和无序状态的描述，客流有序的宏观表现为乘客走行时间与理想走行时间的差值，差值越小，客流越有序，反之，客流越无序。因此，定义客流有序度指标κ为：

$$\kappa = T_r / T \tag{4-20}$$

其中，T_r为理想走行时间，即全部乘客清楚了解目的地位置和走行路线情况下的走行时间。令T_m为无标识引导下乘客的寻路时间，那么$T_r \leqslant T \leqslant T_m$。显然$\kappa \in [T_r / T_m, 1]$，$\kappa$的值越大，客流越有序，反之客流越无序。

4.5 案例计算与结果分析

车站导向标识设置案例以北京地铁北京站的站台为研究对象，首先介绍了地铁北京站站台的结构情况，然后采用本章所建立的布局模型对车站站台导向标识系统进行设置，并对站台层导向标识优化结果进行了仿真验证。

站台作为地铁列车与乘客直接交互的服务平台，既是出站客流的起点又是进站客流的终点，大量客流如果聚集于此，会导致站台拥堵。因此，地铁站台的拥堵除了由于站台设施和车辆运载能力无法满足客流需求之外，还常由于客流引导服务水平低，不能及时为乘客提供方向信息，造成客流滞留时间的延长。一般而言，在确定出口方向后乘客将沿此方向行走直至出站。通过北京地铁问卷调查，获得了乘客下车后寻找出口方向的难易程度，如图4-12所示，46%的乘客可以立即确定出口方向，52%的乘客需要在站台寻找一段时间，而2%的乘客无法找到或者很难找到出口方向。

综上，根据调查分析结果，车站站台是出站乘客选择出口方向的重要位置。因此，本章将上文中建立的导向标识布局模型应用于地铁北京站站台的导向标识设置中。

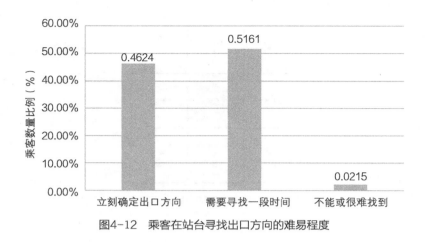

图4-12   乘客在站台寻找出口方向的难易程度

4.5.1   站台结构模型

图4-13为地铁北京站站台简化模型，该模型的地铁站台由以下设施和区域组成：A和BC出入口，站台平面，梁柱，梁柱为障碍物（黑色）。经测量，站台长100m，宽10m，站台离散为6250个元胞。站台共有44个梁柱，站台两边各有22个，每个梁柱占据4个元胞，那么可供乘客站立的元胞数量为6070个。根据北京站结构，站台有两个出口，分别对应A口和BC口。

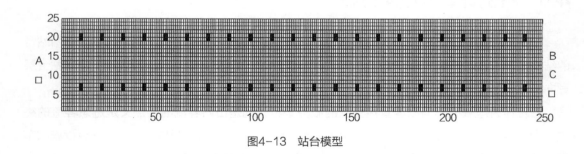

图4-13   站台模型

4.5.2   模型参数设置

为了使乘客能够顺利完成出站，需要在站台设置出口标识，以指明出口方向和换乘方向。标识的设置形式主要分为吊装、壁装两种，这使其选址空间没有约束。令标识长36cm，宽14cm。为避免标识被乘客身体遮挡，标识设置高度为2m。通过现场试验对模型参数进行了标定，参加试验的人数为32人，无人为色盲，试验者身高在1.65~1.85m（平均值为1.75m，方差为0.192m）。试验步骤如下：首先告知被测者导向标识的位置，分别统计了各个被测者的识别距离，获取其中最大识别距离d_{max}和最小识别距离d_{min}，如图4-14所示。据图可知，观察距离小于6.4m时，所有试验者均可以看清导向标识，值得注意的是在试验者与标识距离为0.2m时，仅有一半的人能够看清标识信息，原因是视觉角度增加超出了人们可承受的最大范围（135°）；当观察距离大于6.4m时，随着观察距离的增大，能够看清标识信息的人数呈线性递减趋势；当观察距离大于10m时，仅有3.13%的试验者可以看清标识信息。综上，该标识的最大可视距离为10m，临界可视距离为6.4m。通过比较该试验结果与我国标准规定的标识识别距离基本一致。

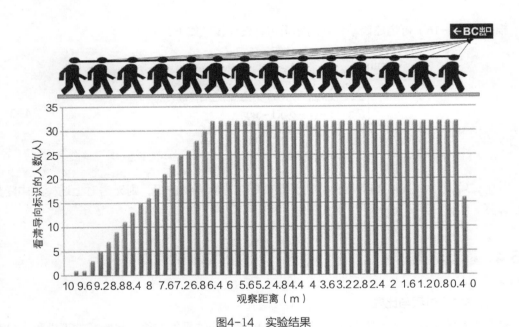

图4-14　实验结果

然后，在被测者与标识之间放置障碍物，统计每位被测者的视线遮挡阈值，计算其统计平均值即得d_b。模型参数如表4-1所示。

模型参数设置　　　　　　　　　　　　　　　　　表4-1

d_{min}	d_{max}	d_b	θ	α	w	β_1
6.4m	10m	0.9m	0.9	0.95	0	0.9

根据式（4-6）计算站台空间的引导需求，每个元胞的引导需求权重w_i的分布如图4-15所示。相比两边上下车区域，中间疏散区域需求权重较低。

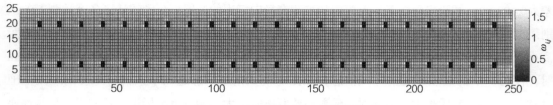

图4-15　BC口引导需求权重分布

4.5.3　模型构建

根据式（4-16）可构建该站台导向标识布局设计模型如下：

$$\min \sum_{m=1}^{25} \sum_{n=1}^{250} X_{i,j}$$

$$\text{s.t.} \begin{cases} \sum_{m=1}^{25} \sum_{n=1}^{250} C_{i,j}\omega_{i,j} / (\sum_{m=1}^{25} \sum_{n=1}^{250} \omega_{i,j}) \geqslant 0.9 \\ S_{i,j} = 1-(1-\phi_p)(1-w) \\ C_{i,j} = 0 \text{ 或 } 1 \\ X_{m,n} = 0 \text{ 或 } 1 \end{cases} \qquad (4\text{-}21)$$

其中，$C_{i,j}$可由式（4-14）得出，若元胞被梁柱等障碍物占用，则无需对上述模型中变量进行计算。

4.5.4　模型结果

1.　算法求解过程与比较

模型求解的算法代码见附录A。图4-16为EBHS算法的寻优过程，起始解的下界和上界为$[2^3, 2^4]$，采用EBHS算法得出当站台导向标识数量$M=15$时导向服务水平为$\beta=0.9067$，可以满足最低导向服务水平要求即$\beta_1=0.9$，算法运行10次，平均计算时间为1254.3s。

采用笔者设计的改进收缩因子粒子群优化（MCPSO）算法进行求解，图4-17为MCPSO算法的寻优过程，平均计算时间为3046.1s。经过841次迭代，求解得出满足导向服务水平要求的最少标识数量为15，与本章所用EBHS算法所得标识设置数量结果相同，但MCPSO计算时间仍然较长。因此，与MCPSO算法相比，EBHS算法在计算时间上具有一定优势。主要原因为：EBHS算法针对问题的特质首先快速确定了标识数量的变化范围，进而在此范围内搜索最优解，而MCPSO算法作为一种普适性算法，未能结合问题的特性进行求解，造成求解时间过长。因此，启发式算法仍然是求解选址类问题的首选。

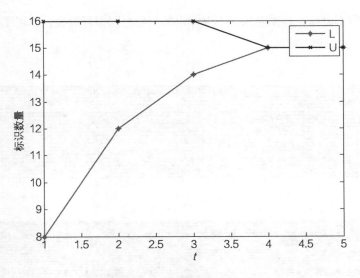

图4-16　EBHS算法寻优过程

L—标识数量下界；U—标识数量上界

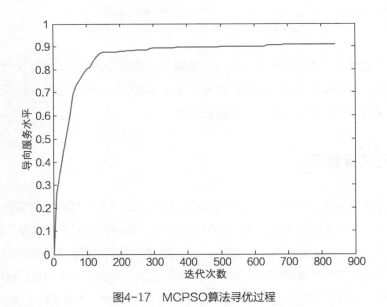

图4-17　MCPSO算法寻优过程

2. 站台导向标识布局结果

经过优化后得到新的标识空间布局，如图4-18（a）黑色元胞位置所示，大部分导向标识设置在下车乘客的水平视角偏左右60°范围之内，便于乘客迅速识别方向信息并顺利出站，站台B口中间也设置一个导向标识以指明出口信息，这与实际标识设置原则也比较吻合。图4-18（b）

为站台空间引导概率分布，据图可知，不同标识的引导范围相互重叠，体现了标识协同引导的服务特点。

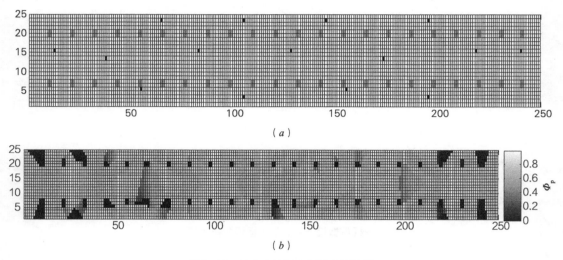

图4-18　站台出站导向标识布局结果
（a）导向标识位置；（b）站台空间引导概率

由于该模型既考虑了乘客微观移动规律，又融合了乘客与导向标识交互规律，本章模型可作为车站导向标识系统设计的普适模型。因此，车站其他部位如站厅层导向标识的位置和数量也可由此模型获得，以便乘客顺利找到出站口位置。

4.5.5　模型结果验证

根据4.4模型验证方法，采用本章建立的元胞自动机（CA）模型模拟乘客在站台出站过程，图4-19为随机生成的仿真初始状态，站台共有乘客260人，假设所有乘客均需要从BC口离开站台但不知道出口位置，令迷失乘客的从众意愿$\gamma=0.5$。通过分析不同数量的导向标识情况下乘客出站时间来证明导向标识布局模型结果的准确性，导向标识数量变化范围为[11，15]，导向标识的位置由HS算法得出。为了保证验证结果准确，每种情况下仿真5次，然后求得乘客平均出站时间。

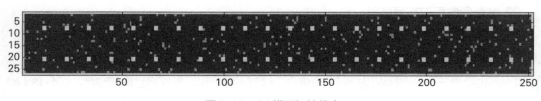

图4-19　CA模型初始状态

令乘客走行速度为1.02m/s，那么乘客移动一个元胞的时间约为0.4s，理想情况下（全部乘客知道出口位置）乘客出站时间为117.2s。图4-20展示了不同数量导向标识下，乘客出站时间的变化，随着导向标识数量的增加，乘客出站时间逐渐缩短，当导向标识数量$M=15$时，乘客平均出站时间为119.6s，与理想状态下乘客出站时间相差2.4s。原因是在模型中最低导向服务水平要求为，$\beta_1=0.9$仍未覆盖全部需求空间，但是由于出站时间差距非常小，可以认为站台导向标识的布局结果是有效的，有利于站台乘客顺利出站。

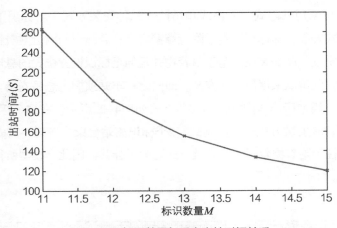

图4-20　标识数量与乘客出站时间关系

根据乘客出站时间计算不同标识数量下客流有序度，如图4-21所示。随着标识数量的增加，站台出站客流有序度逐渐增加。当导向标识数量$M=15$时，乘出站客流有序度为0.98，接近于1，表明在当前标识布局下的客流有序度较高，并接近于完全有序，从而证明模型得出的标识布局结果有效实现了客流的序化控制，优化了站台乘客出站过程。

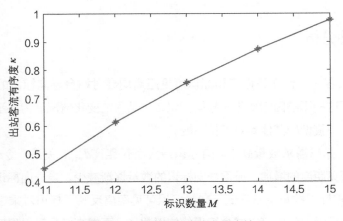

图4-21　标识数量与客流有序度关系

4.5.6　标识安装方式

上述内容为车站导向标识系统布设模型的推导、建立以及验证过程，案例分析的结果也证明该模型的有效性。根据模型建立过程，车站导向标识系统布设的一般实施步骤可以总结为如下三步：第一步为获取车站结构参数，包括设施面积、障碍物位置大小等信息，建立布设设施的网格模型；第二步为获取所选标识与乘客交互模型参数，建立导向标识布设模型，获取标识布局结果；第三步为按照标识布局结果选择合适的安装方式进行安装。

根据标识位置可采用贴附式、悬挑式和吊挂式三种安装方式，若标识附近有可附着的墙壁，则可采用贴附式安装，即标识贴附于附近墙壁之上；若标识与附近附着物存在一定距离但较近则采用悬挑式安装，即安装在固定于附着物并延伸至标识设置位置的悬空架上；若无附着物或者附着物较远，则可以采用吊挂式安装，即固定在车站顶棚上悬吊安装。根据以上标识安装方式的择取原则，模型所得导向标识的安装方式如图4-22所示，在15个标识中，2个标识与站台梁柱位置贴合，其安装方式可为贴附式，2个标识离站台梁柱较近，其安装方式可为悬挑式，其他标识离梁柱等附着物较远，其安装方式可为吊挂式。因此，模型所得标识布局结果具有一定的可实施性。

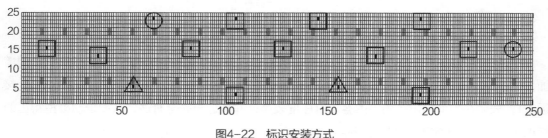

图4-22　标识安装方式
○ — 悬挑式；□ — 吊挂式；△ — 壁挂式

4.5.7　敏感性分析

在本书中，乘客对站台熟悉程度和标识可见距离均会对站台导向标识的布局结果产生影响，因此需要分析这些影响因素变化时导向标识布局结果的变化情况。为保证敏感性分析的准确性，在分析过程中模型的其他参数保持不变。

图4-23为导向标识需求数量M与导向标识最大可见距离d_{max}的关系，令$d_{min}=0.64d_{max}$。随着导向标识最大可见距离的增加，所需导向标识的数量逐渐减少。当导向标识最大可见距离从5增加至15时，所需标识数量从33降低至10。标识可见距离反映了标识对乘客的吸引程度，这说明了通过提高标识吸引程度可以减少标识的使用数量，而提高标识吸引程度的方法有采用颜

色对比鲜明的文字、增大标识和文字的尺寸等。

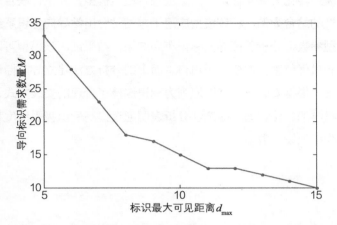

图4-23　导向标识需求数量M与标识最大可见距离d_{max}的关系

图4-24为导向标识需求数量M与乘客对站台环境熟悉程度w的关系，随着熟悉程度的增加，标识需求数量在逐渐减少。当熟悉程度w从0增加到0.9时，标识需求数量从15降低为0。当乘客熟悉程度$w=0.9$时，根据式（4-13）乘客向最近元胞移动的概率$S_{i,j} \geqslant 0.9$，满足了交互概率阈值条件即式（4-14），此时站台不需要设置出站导向标识。

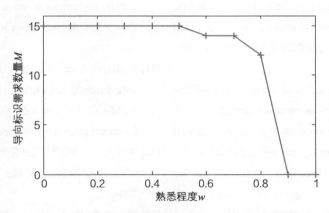

图4-24　导向标识需求数量M与乘客熟悉程度w的关系

4.6　本章小结

城市轨道交通车站乘客的顺利换乘与出站需要导向标识提供有效的客流引导服务。本章研究了导向标识引导服务与乘客的交互特点，提出了导向标识系统服务效能和乘客导向服务需求的计算方法。以导向标识所需数量最小为目标，以导向服务水平要求为约束，建立了导向标识系统布局模型。将模型转化为导向标识协同选址集合覆盖模型，并设计联合启发式算法对模型进行求解。以一典型的站台为例，将该模型应用于车站站台出站导向标识系统的布局设置。通过现场试验标定模型参数，分析验证导向标识布局结果，结果证明该模型可以为导向标识设置提供最少数量要求和最优位置。本模型采用自下而上的分析方法建立导向标识布局模型，并对模型进行了仿真验证。根据安装方式择取原则为标识选择了合理的安装方式，从而为导向标识的设置实施提供了科学的方法。通过敏感性分析表明通过提高标识吸引程度和乘客对环境的熟悉程度可以有效减少标识设置数量。

本章参考文献

[1] Zhang Z, Jia L, Qin Y. Optimal number and location planning of evacuation signage in public space[J]. Safety Science, 2017, 91:132−147.

[2] Wong, L.T., Lo, K.C., 2007. Experimental study on visibility of exit signs in buildings.Build. Environ. 42(4), 1836–1842

[3] Benthorn L, Frantzich H. Fire alarm in a public building: How do people evaluate information and choose evacuation exit? [J]. LUTVDG/TVBB—3082—SE, 1996.

[4] Morley F J. An evaluation of the comprehensibility of graphical exit signs for passenger aircraft[J]. 1997.

[5] Leslie J. A behavioural solution to the learned irrelevance of emergency exit signage[J]. 2001.

[6] Liu M, Zheng X, Cheng Y. Determining the effective distance of emergency evacuation signs[J]. Fire SafetyJournal, 2011, 46(6): 364−369

[7] Drezner, Tammy, Drezner, Zvi, Shiode, Shogo, 2002. A threshold−satisfyingcompetitive location model. J. Regional Sci. 42(2), 287C299.

[8] Berman, Oded, Drezner, Zvi, Krass, Dmitry, 2010. Cooperative cover locationproblems: the planar case. Iie Trans. 42(42), 232–246.

[9] Sevkli M, Guner A R. A continuous particle swarm optimization algorithm for uncapacitated facility location problem[C]//International Workshop on Ant Colony Optimization and Swarm Intelligence. Springer Berlin Heidelberg, 2006: 316−323.

[10] Jaramillo J H, Bhadury J, Batta R. On the use of genetic algorithms to solve location problems[J]. Computers & Operations Research, 2002, 29(6): 761−779.

[11] Williams, Louis F., 1976. A modification to the half−interval search(binary search)method. In: ACM−SE 14 Proceedings of the 14th Annual Southeast Regional Conference, pp. 95–101.

[12] 中华人民共和国标准. 安全标志及其使用导则. GB2894−2008[S]. 北京：北京标准出版社，2008.

[13] Zhang Z, Jia L, Qin Y. Modified constriction particle swarm optimization algorithm[J]. Journal of Systems Engineering and Electronics, 2015, 26(5): 1107−1113.

[14] 岳昊，邵春福，关宏志，崔迪. 大型行人步行设施紧急疏散标志设置[J]. 北京工业大学学报，2013，06：914−919.

第5章 基于特征融合的车站导向服务网络设计

基于序化控制的城市轨道交通车站导向标识布局设计仅适用于车站内部的面状设施，如站台的导向标识系统设计，然而乘客的集散过程是一个动态寻路过程，标识的可视域以及乘客的OD属性等特点都会影响寻路的效果，因此，本章将基于乘客的动态寻路特点建立车站导向服务网络设计模型。

5.1 基于连续引导的客流集散引导网络构建

在车站设计过程中，客流流线设计在标识设计前完成。然而，与道路交通不同，为了方便乘客，车站内部并未施划清晰的人行道。虽然客流流向已基本确定，但乘客在某一具体空间内的走行方向随意性较大。因此，本书基于已确定的客流流线组织，提出车站客流集散引导网络构建方法。车站客流集散引导网络可清晰描述客流流动，根据最短路径算法为乘客提供便利的走行路径，并约束了导向标识选址空间，简化了车站导向服务网络设计问题。

由于车站内客流存在不同的OD，将车站内客流按照OD不同分为不同的群体。乘客在接受标识引导后可以根据记忆的引导信息走行一段距离，随着时间增加，乘客对标识信息的记忆逐渐消失，因此，相邻标识之间的距离不能超过乘客期望标识距离。乘客期望标识距离与乘客的记忆能力和走行时间有关。令乘客记忆时间为t_m，乘客走行速度为v，那么标识期望距离d_e为：

$$d_e = vt_m \tag{5-1}$$

客流集散引导网络构建过程为：第一步：基于车站站台的结构特点，连接站内障碍物顶点，形成障碍物连接线集合；第二步：将障碍物连接线从长到短进行排序，对于每个连接线，若存在比其短的连接线与其相交，则删除该连接线，形成maklink集合；第三步：连接maklink中点，连接原则为两点之间不存在障碍物遮挡且两点之间的距离不超过乘客期望标识距离；最后，采用最短路径算法计算每种客流群体的最短路径，最短路径的集合即构成客流集散引导网络。

通过第一步和第二步将每个障碍物顶点与相邻障碍物最近的顶点相连得到maklink集合，如图5-1实线所示。如图5-2所示，黑色虚线为客流从点A分别到点B和点C的最短路径。那么，所有OD最短路径集合即构成客流OD集散引导网络。在每个点乘客均需改变走行方向或者需要重新更新或增强乘客对引导信息的记忆，也就产生了导向需求，所以需要在这些点进行引导。

通过客流集散引导网络的建立，可以约束或限制标识选址空间。本章将标识选址空间约束为maklink中点。因此车站集散网络引导图的提出有两大优点：一是可将乘客引导需求点和标

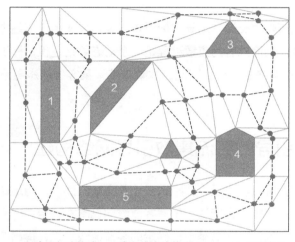

——障碍物连接线；● 障碍物连接线中心；---- 中点连接线

图5-1　空间网络化表示

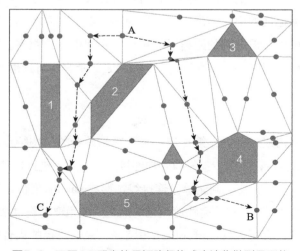

图5-2　不同OD乘客的最短路径构成客流集散引导网络

识选址备选点减少，提高车站标识系统设置模型的求解效率；二是将客流流线规划与导向标识布局规划有效整合并进行一体化设计。

　　虽然通过客流集散引导网络可以发现乘客引导需求位置，但乘客与标识交互特征对导向服务网络的设计结果存在影响，因此，本章将对乘客与标识的交互特点进行分析，建立基于特征融合的乘客与标识交互模型。

5.2　基于特征融合的乘客与导向标识交互模型

　　乘客与标识的交互主要分为感知标识、识别引导信息和方向决策三个阶段。在感知阶段，标识是否在乘客视野范围内以及乘客是否能看清标识信息是决定乘客能否感知标识存在的重要因素。如图5-3所示，黑色箭头指示乘客面部朝向或走行方向，乘客视野角度为k，标识A在乘客视野范围内，因此乘客在行走过程中可以感知标识A的存在；相反乘客不能感知标识B的存在。

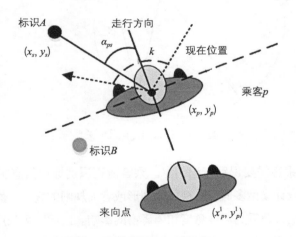

图5-3　乘客走行过程感知标识

　　令$\theta_{ps}=1$表示乘客p能够感知标识s，$\theta_{ps}=0$表示乘客p无法感知标识s的存在。令乘客p和标识s在集散网络中的坐标分别为(x_p, y_p)、(x_s, y_s)，乘客p途径路径的上游点坐标也就是来向点位置为(x_p^1, y_p^1)，那么乘客面部朝向或走行方向$\overrightarrow{W_p}=(x_p-x_p^1, y_p-y_p^1)$，标识相对乘客所在方向为$\overrightarrow{S_p}=(x_s-x_p, y_s-y_p)$。两个方向$\overrightarrow{W_p}$与$\overrightarrow{S_p}$的夹角$\alpha_{ps}$为：

$$\alpha_{ps}=\arccos(\frac{\overrightarrow{W_p}\overrightarrow{S_p}}{\left|\overrightarrow{W_p}\right|\left|\overrightarrow{S_p}\right|})\qquad(5-2)$$

那么：

$$\theta_{ps} = \begin{cases} 1, & \alpha_{ps} < \dfrac{k}{2} \\ 0, \text{otherwise} \end{cases} \tag{5-3}$$

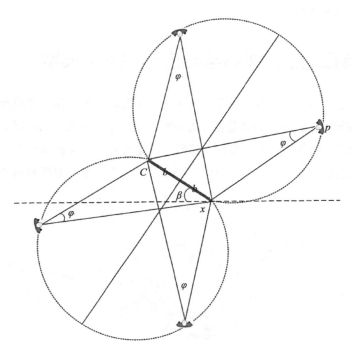

图5-4　行人与标识几何关系

在感知标识后，乘客需要识别标识信息。乘客能否识别标识信息主要由标识的可视域决定。以往的标识布局设计模型多假设可视域为圆形或者为规则的扇形。然而，乘客对标识的感知不仅受到距离的影响，还受到观察角度和障碍物的影响。因此，可采用标识可视域计算方法对标识引导范围进行计算。如图5-4所示，CX标识牌最小信息单元的尺寸，如一个字母或者汉字的长度。令$b = CX/2$，ϕ为PC与PX夹角。那么标识可视域边界可表示为：

$$\left(\frac{b}{\sin\varphi}\right)^2 = (x)^2 + \left(y - \frac{b}{\tan\varphi}\right)^2, \varphi \geqslant 0.0016\pi \tag{5-4}$$

上述公式仅描述了标识位置$(x_s, y_s) = (0, 0)$，且标识安装角度$\beta = 0$时的标识可视域边界。根据空间坐标旋转原则，提出标识位置和安装角度为自变量的可视域边界表示方法：

$$\left(\frac{b}{\sin\varphi}\right)^2 = \left[(x - x_s)\cos\beta - (y - y_s)\sin\beta\right]^2 + \left[(x - x_s)\sin\beta + (y - y_s)\cos\beta - \frac{b}{\tan\varphi}\right]^2 \tag{5-5}$$

那么标识是否可视可表示为：

$$\lambda_{ps}^{\beta}=\begin{cases}1,if\left[(x-x_s)\cos\beta-(y-y_s)\sin\beta\right]^2+\left[(x-x_s)\sin\beta+(y-y_s)\cos\beta-\dfrac{b}{\tan\varphi}\right]^2\leqslant(\dfrac{b}{\sin\varphi})^2\,\&\,\varphi\geqslant0.0016\pi\\0,\text{else}\end{cases}$$

（5-6）

令$\lambda_{ps}^{\beta}=1$表示乘客可以识别安装角度为β的标识引导信息，反之$\lambda_{ps}^{\beta}=0$。

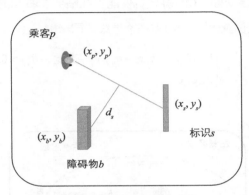

图5-5　障碍物遮挡影响计算

当乘客与标识之间存在障碍物（如梁柱、楼梯等）时，由于视线遮挡，标识不能引导该乘客。障碍物b的坐标分别为(x_b,y_b)，如图5-5所示。那么障碍物与乘客和标识连接线的距离为：

$$d_s=\frac{|ay_b+bx_b+c|}{\sqrt{a^2+b^2}}$$

（5-7）

式中，$\begin{aligned}&a=x_s-x_p,b=y_s-y_p;\\&c=y_sx_p-x_sy_p。\end{aligned}$

在乘客与标识之间存在障碍物的情况下，定义视线遮挡阈值d_b和决策变量σ_{ps}判断乘客p能否接受引导服务。

$$\sigma_{ps}=\begin{cases}1,d_s>d_b\\0,d_s\leqslant d_b\end{cases}$$

（5-8）

式中：$\sigma_{ps}=1$表示乘客p与标识s的交互不受障碍物遮挡影响，反之则不能接受引导服务。若乘客与标识之间存在多个障碍物，选取其中最小的d_s判断乘客与标识是否被障碍物遮挡。

在乘客识别标识信息后，需要根据标识引导信息进行决策，然而标识引导方向是有限的，如图5-6所示。由于不存在掉头方向，乘客再接受标识引导后只能向前方行走。接下来，分两种情况阐述和判断乘客走行方向和标识引导方向的关系ω_{ps}^{β}：

（1）当标识位置与乘客位置不同时，即$(x_s,y_s)\neq(x_p,y_p)$。如图5-7所示，由于不存在掉头

图5-6　导向箭头指示方向

方向指引箭头，位置a的乘客无法在标识C的引导下前往临界线（Border line）左侧的区域如位置d；因此，位置a的乘客接受标识C的引导后仅能去往临界线右侧的区域比如位置b，也就是说标识位置(x_s, y_s)和去向点位置(x_p^f, y_p^f)均需在临界线的同一侧：

$$\omega_{ps}^{\beta} = \begin{cases} 1, & \text{if } (y_s - k_s x_s - b_p)(y_p^f - k_s x_p^f - b_p) > 0 \\ 0, & \text{else} \end{cases} \qquad （5-9）$$

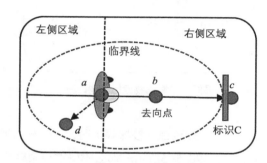

图5-7　指引方向与乘客引导关系$(x_s, y_s) \neq (x_p, y_p)$

（2）当标识位置与乘客位置相同时，即$(x_s, y_s) = (x_p, y_p)$。如图5-8所示，乘客在接受标识B的引导后只能走向标识牌右侧，也就是说乘客来向点a和去向点c必须在标识牌两侧。令来向点的坐标为(x_p^l, y_p^l)，去向点坐标为(x_p^f, y_p^f)，那么：

$$\omega_{ps}^{\beta} = \begin{cases} 1, & \text{if } (y_p^l - k_s x_p^l - b_p)(y_p^f - k_s x_p^f - b_p) < 0 \\ 0, & \text{else} \end{cases} \qquad （5-10）$$

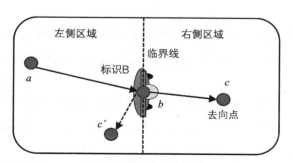

图5-8　指引方向与乘客引导关系$(x_s, y_s) = (x_p, y_p)$

根据式（5-9）和式（5-10）可计算 ω_{ps}^{β} 的值，若 $\omega_{ps}^{\beta}=1$，那么乘客 p 可以接受标识 s 的引导，反之，乘客 p 不能接受标识 s 的引导，也就是乘客 p 和标识 s 不能交互。

5.3　导向服务网络设计模型

在实际中，服务提供方往往尽最大能力覆盖所有的需求，标识系统也不例外。乘客引导标识系统应覆盖所有的引导需求点。通过融合上述乘客与标识交互的微观特征，提出基于特征融合的乘客与标识交互模型。令：

$$Z_{ps}^{\beta}=k_{ps}\lambda_{ps}^{\beta}\sigma_{ps}\omega_{ps}^{\beta} \tag{5-11}$$

那么，$Z_{ps}^{\beta}=1$ 则表示乘客 p 可以与标识 s 成功交互，反之乘客 p 不可与标识 s 成功交互，也就是不能接受标识 s 的引导。

导向服务网络设计问题包含选址和信息配置两个方面。从安全和经济的角度，定义标识选址问题如下：求解满足乘客引导需求的最少标识设置数量。标识选址模型可描述为：

$$\text{Min } M=\sum_s\sum_\beta X_s^{\beta}$$

$$\text{s.t.}\begin{cases}\sum_\beta X_s^{\beta}\leqslant 1,\forall s & (a)\\ \sum_\beta\sum_s X_s^{\beta}Z_{ps}^{\beta}\geqslant 1,\forall p & (b)\\ X_s^{\beta}\in\{0,1\},\forall s,\beta & (c)\\ Z_{ps}^{\beta}\in\{0,1\},\forall s,p,\beta & (d)\end{cases} \tag{5-12}$$

其中 X_s^{β} 为关于选址的决策变量，$X_s^{\beta}=1$ 表示在位置 (x_s,y_s) 安装角度为 β 的标识，反之则不安装；约束（a）物理意义为一个位置最多仅能安装一个标识；约束（b）物理意义为满足所有引导需求。

在标识选址后，设计人员需为每一个标识配置引导信息。一个引导需求点可能被多个标识所覆盖。但为了节约版面并减少冗余信息对乘客的干扰，可以认为仅能选择一个标识展示引导信息。因此，提出交互便利性度量模型，通过交互便利性度量选取更容易被乘客察觉的标识来展示该引导信息。交互便利性 I_{ps} 的计算模型如下：

$$I_{ps}=d_{ps}\sin(\alpha_{ps}) \tag{5-13}$$

若交互便利性 I_{ps} 的值越大表示该标识更接近乘客视野的中心区域，乘客更容易感知，反之，该标识远离乘客视野的中心区域，不易被乘客感知。

5.4　模型求解方法

标识系统设计模型的求解方法和步骤如图5-9所示，共分为两部分：第一部分为客流集散引导图构建，根据车站空间布局可分为选址空间和障碍物空间，根据引导图构建步骤，首先，连接并删选障碍物连接线构建maklink图；其次，连接maklink中点，基于最短路径算法和乘客期望标识间距构建客流集散引导图；最后生成标识选址点集合和乘客引导需求点集合。第二部分为标识选址和信息配置，首先计算标识选址点和引导需求点的交互邻接矩阵；其次定义标识安装角度的选择范围 $\beta \in \{\beta_1, \beta_2, \beta_3\}$，形成标识选址模型，该模型为0-1整数规划模型；最后根据交互便利性度量配置引导信息。

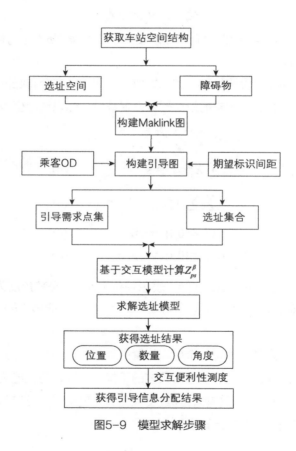

图5-9　模型求解步骤

由于目前存在较多求解0-1整数规划的算法，且导向服务网络设计对算法性能要求不高如计算时间，因此此算法研究不是本书的研究重点。在标识系统设计中，设计人员更关注算法准确性而不是求解速度。目前，市场上也求解整数规划的软件如Matlab、Lindo等。因此，本章采用MATLB软件求解模型。

5.5　本章小结

　　本章首先提出了基于连续引导的车站客流集散引导图构建方法，将客流流线设计与标识系统设计进行一体化整合；其次提出了基于特征融合的乘客与标识交互模型，解决了乘客与标识交互判断问题；最后建立了包含选址和信息配置的导向服务网络设计模型，并提出了求解方法。

本章参考文献

[1] Tam M L. An optimization model for wayfinding problems in terminal building[J]. Journal of Air Transport Management, 2011, 17(2): 74-79.

[2] Xie H, Filippidis L, Gwynne S, et al. Signage legibility distances as a function of observation angle[J]. Journal of fire protection engineering, 2007, 17(1): 41-64.

第6章 地铁北京南站换乘层导向服务网络设计

为了验证导向服务网络设计模型的有效性，本章将对北京南站换乘层的导向标识进行布局设计。

6.1 北京南站介绍

北京南站是北京铁路枢纽"四主两辅"客运布局中的主要客运站之一，作为京津城际高速铁路以及京沪高速铁路的起点站，东端衔接京津城际轨道交通和北京站，西端衔接京沪客运专线、北京动车段与京山铁路、永丰铁路，成为集普通铁路、城市轨道交通与公交车、出租车等市政交通设施于一体的大型综合交通枢纽站。北京南站的交通功能区域总共五层，总建筑面积309388m²。

地上一层即平面层为站台轨道层，地面进站厅面积2157m²，其中北侧进站厅面积1493m²，南侧进站厅面积664m²。该层共设24条到发线，13座站台，3个客运车场。由南向北依次为城际铁路车场、客运专线车场、普速铁路车场。南侧京津城际站场设到发线7条，站台4座；中部京沪高速车场内设到发线12条，站场6座；北侧普客站场内设到发线5条，站台3座。其中1~7道、1~4站台为京津城际车场；8~19道和5~10站台为京沪高速车场；20~24道和11~13站台为普速车场。

地上二层为高架候车层，是旅客进站层，建筑面积47654m²，进站厅面积36480m²，有4个独立候车室，总面积6301.38m²。其中，东北侧有1个独立候车室（供13站台使用），面积为608.45m²。中部有3个独立候车室，普速候车室面积986.98m²（包括1个软席候车室），供11、12站台使用。京沪高速候车室面积3068.97m²（包括2个软席候车室）。京津城际候车室面积1636.98m²（包括1个软席候车室）。高架区内有8个安检口。中央为候车大厅，东西两侧是进站大厅，自北向南依次为各候车区。高架层设有4个结构完全相同但布局不同的独立售票处。共设有139个人工售票窗口，38台自动售票机。

　　地下一层为综合换乘层，包括车站的换乘大厅、停车场以及旅客出站系统，设置了穿越整个车场的地下进出站通廊，建筑面积119940m²，其中换乘大厅面积36770m²（包括地铁换乘区面积5800m²）。地下一层共有6个进站厅，其中普速进站厅2个，高速进站厅3个，京津进站厅1个；6个出站厅，8个出站口，其中普速出站口2个，高速出站口4个，京津出站口2个。该层设售票处4个，人工售票窗口共计43个。换乘大厅东西两侧为旅客出站大厅，并且预留了与城市铁路连接的车站。

　　地下二层是北京地铁4号线站台，地下三层为北京地铁14号线站台。北京南站北广场建有下沉式广场，设有公交车始发站和出租车停靠站，南广场为公交停靠站，南北广场共有40个出租车车站和50个公交车站台。

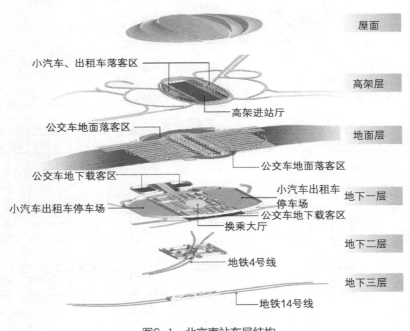

图6-1　北京南站布局结构

　　本章的研究区域为北京南站地下一层换乘层，如图6-2所示。换乘层集聚了公交、地铁、出租车和铁路方向的客流。

　　为了清晰标识客流方向，将换乘大厅的布局进行结构化处理，只保留出口、外围主体和主要障碍物，经过处理后的换乘大厅结构如图6-3所示，每个方格长宽均为15m。

　　经过调研，换乘大厅内共存在30类客流群体，每类群体的OD信息如表6-1所示。其中，铁路客运站至地铁站的换乘客流包含8类具有不同OD的客流，地铁站至铁路客运站的换乘客流

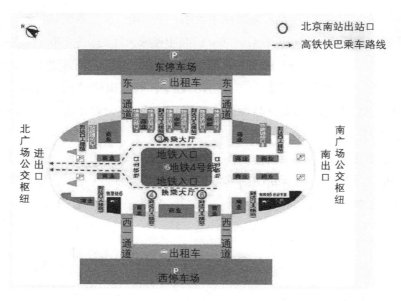

图6-2　北京南站地下一层

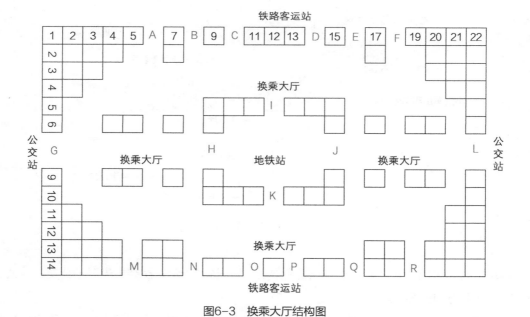

图6-3　换乘大厅结构图

包含4类具有不同OD的客流，铁路客运站至公交站的换乘客流包含8类具有不同OD的客流；公交站至铁路客运站的换乘客流包含4类具有不同OD的客流；地铁站至公交站换乘客流包含2类具有不同OD的客流；公交站至地铁站换乘客流包含4类具有不同OD的客流。

换乘大厅OD信息 表6-1

出发站	到达站	OD
铁路客运站	地铁站	A–I,C–I,D–I,F–I,M–I,O–I,P–I,R–I
地铁站	铁路客运站	H–B,H–N,J–E,J–Q
铁路客运站	公交站	A–G,C–G,M–G,O–G,D–L,F–L,P–L,R–L
公交站	铁路客运站	G–B,G–N,L–E,L–Q
地铁站	公交站	H–G,J–L
公交站	地铁站	G–I,G–K,L–I,L–K

6.2 模型参数设置

标识间期望距离与乘客记忆时间和走行速度相关，本章通过设计短时记忆实验获取乘客对标识信息的记忆时间。实验详细描述如下：

（1）实验对象：实验对象为20名在校大学生，均不存在脑部疾病；

（2）实验材料：采用9组标识测试记忆能力，如图6-4所示为其中一个标识用例；随机选择20个3位数字并将其均匀地分配给每个学生，每个学生根据分配的数字倒数，倒数行为可以减弱重复回忆对记忆时间的影响；每位学生手持一个秒表用来记录记忆时间，标识信息采用LED显示屏显示；

图6-4 标识用例

（3）实验程序：标识在LED显示1s，实验对象观察记忆标识;然后开始倒数数字，倒数间隔为6，例如356，350，344……，要求每个学生在时间$t=6s,12s,18s,24s,30s,36s,42s,48s$和54s时说出所看到的标识信息，每组标识测试一次。例如，标识A在$t=6s$时让学生说出所看到的标识信息；标识B在$t=12s$时让学生说出所看到的标识信息。标识信息叙述时间为2.5s，若在时间t时实验对象有任何记忆错误或在2.5s内不能叙述完整的标识信息，认为此时该实验对象的记忆时间为t。

通过实验，收集了20名实验对象的记忆时间，并采用logistic分布拟合记忆时间，得到平均记忆时间为35.59s，方差为4.63。根据实验调查，行人的平均走行速度为1.34m/s，那么标识期望距离为35.59×1.34＝47.69。该距离近似等于标准规范的标识间隔距离45m。

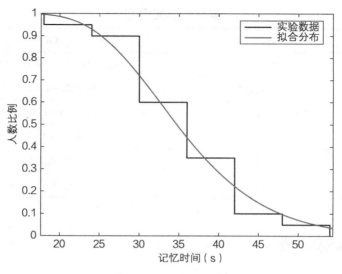

图6-5　记忆时间与正确回忆数量关系

　　根据标识间期望距离，采用4.1节的方法构建北京南站换乘层客流集散引导图，如图6-6所示。

　　由于换乘层布局结构较为规范，且多为竖直或水平结构，标识安装角度选择范围为0°和90°；标识字高为15cm，图6-7展示了该类型标识的引导范围；乘客视野范围为200°,障碍物遮挡阈值为0.6m。

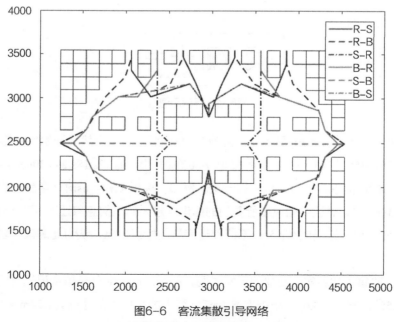

图6-6　客流集散引导网络

R—铁路客运站；S—地铁站；B—公交站

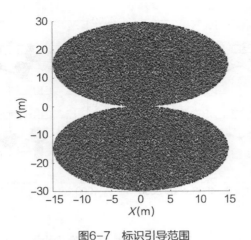

图6-7 标识引导范围

6.3 模型结果与讨论

根据客流集散引导图和标识选址点，采用已建立的选址模型得出最优的导向标识安装位置和安装角度，如图6-8所示。为了验证模型结果的有效性，本章将对每条路径和标识进行——对比。

对于铁路客运站至地铁站的换乘客流，图6-9展示了乘客的换乘路径和相应的引导标识，所需标识数量为17，17个标识的引导范围已经覆盖了所有的引导需求点，因此，乘客可以在换乘过程中接受连续的引导信息。

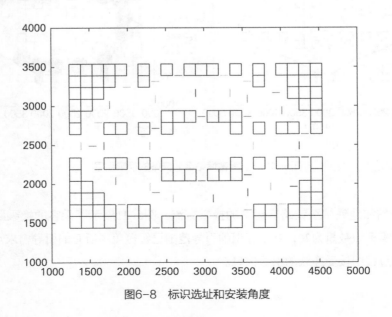

图6-8 标识选址和安装角度

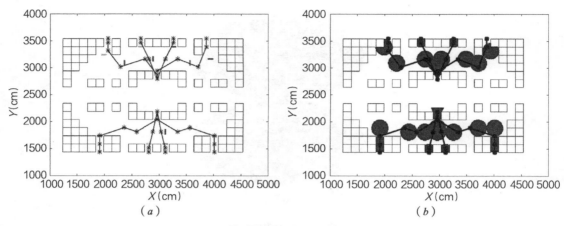

图6-9　铁路客运站至地铁站的换乘引导

对于铁路客运站至公交站的换乘客流，图6-10展示了乘客的换乘路径和相应的引导标识，所需标识数量为22，22个标识的引导范围已经覆盖了所有的引导需求点，因此，乘客可以在换乘过程中接受连续的引导信息。

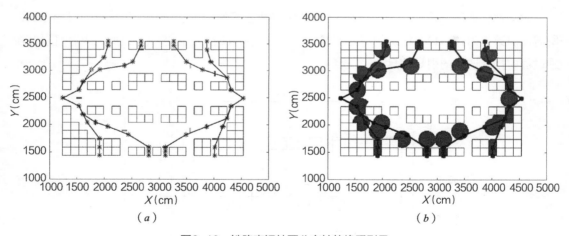

图6-10　铁路客运站至公交站的换乘引导

对于公交站和地铁站至铁路客运站的换乘客流，图6-11展示了乘客的换乘路径和相应的引导标识，所需标识数量为26，26个标识的引导范围已经覆盖了所有的引导需求点，因此，乘客可以在换乘过程中接受连续的引导信息。

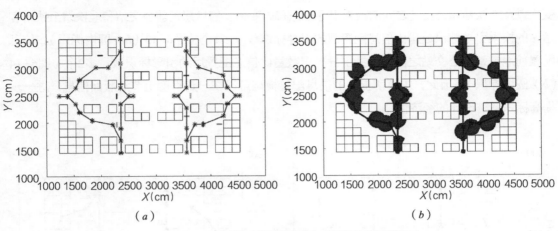

图6-11 公交站和地铁站至铁路客运站的换乘引导

对于地铁站和公交站之间的换乘客流，图6-12展示了乘客的换乘路径和相应的引导标识，所需标识数量为26，26个标识的引导范围已经覆盖了所有的引导需求点，因此，乘客可以在换乘过程中接受连续的引导信息。

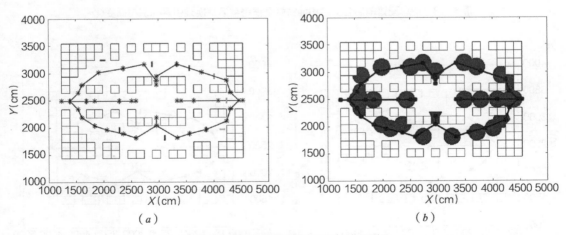

图6-12 地铁站和公交站之间的换乘引导

6.4 引导信息配置模型的必要性

由于标识引导范围的广泛性，需要为每个标识配置引导信息，从而节约标识版面，提高标识系统设计的经济性，本节将验证引导信息配置模型的必要性。

图6-13和图6-14展示了信息配置前后公交站和地铁站至铁路客运站的换乘引导标识布局

变化以及地铁站和公交站之间的换乘引导标识布局变化。信息配置前公交站和地铁站至铁路客运站的换乘引导标识数量比信息配置前的引导标识数量多1个（图6-13（b）圆内标识）；信息配置前地铁站和公交站之间的换乘引导标识数量比信息配置后的引导标识数量多2个（图6-14（b）圆内标识）；因此，本章所提出的信息配置模型可以在一定程度上节约版面信息，进一步提高标识系统设计的经济性。

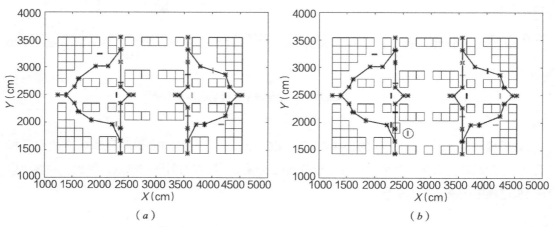

图6-13　信息配置前后公交站和地铁站至铁路客运站换乘引导标识布局变化

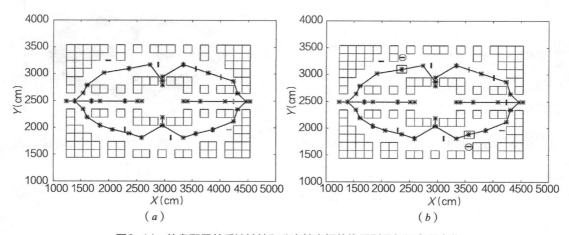

图6-14　信息配置前后地铁站和公交站之间的换乘引导标识布局变化

6.5　模型比较

为了验证模型的优越性以及考虑乘客与标识交互因素的必要性，本章将该模型与以往标识系统设计模型（DG模型）进行比较。本章选择比较的DG模型来自本章参考文献[6]，关于铁路客运站至地铁站的换乘引导，该模型的布局结果如图6-15所示，乘客的引导需求点未完全覆盖，乘客不能获得连续引导。

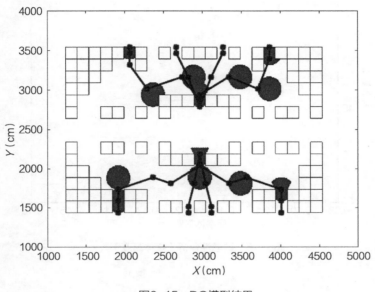

图6-15　DG模型结果

表6-2展示了两个模型的设计结果，虽然DG模型所得出的标识数量较少，但其引导需求的覆盖比率仅为0.6，每个标识的引导覆盖率仅为0.018。本章所建立模型的引导需求的覆盖比率仅为1，每个标识的引导覆盖率仅为0.024，两个指标分别提高了66%和33%。

设计结果比较　　　　　　　　　　　　　　　　　　　　　　　　　　　　表6-2

选址模型	标识数量	覆盖率	每个标识的覆盖率
DG 模型	33	0.6	0.018
本章模型	42	1.0	0.024

6.6　敏感性分析

1. 标识字体尺寸

标识字体的尺寸影响标识可视域的大小，进而会影响导向标识系统的布局结果，图6-16展示了标识数量和字体高度之间的关系，随着字体高度的增加，由于标识可视域范围的扩大，所需标识的数量逐渐减少，标识数量和字体高度呈现出分段函数的关系。

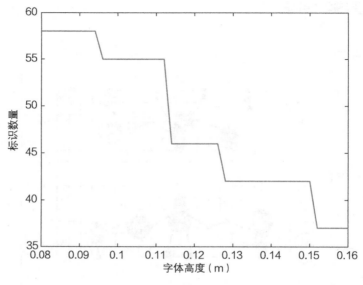

图6-16　敏感性分析（字体高度）

2.　乘客期望标识间距（EDBG）

乘客期望标识间距决定了乘客引导需求的数量，期望间距越小，乘客引导需求越多。图6-17展示了标识数量和期望标识间距之间的关系。随着期望标识间距从10m增加至65m，标识数量从62降低至42。乘客期望标识间距与乘客对引导信息的记忆时间正相关，因此，通过设

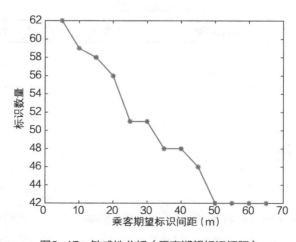

图6-17　敏感性分析（乘客期望标识间距）

计更加简洁的走行空间，减少走行空间中影响乘客记忆的建筑单元，使得引导信息的记忆时间延长，从而可减少标识数量，减少建设成本。

6.7　本章小结

本章以北京南站地下一层换乘大厅为例，验证了第4章导向服务网络设计模型的有效性，结果证明该模型不仅可以对标识选址和安装角度进行优化，也可有效引导信息优化配置，并且该模型相比以往文献中的模型具有更高的经济性和更好的优化效果。

本章参考文献

[1] Visual prosthetics: physiology, bioengineering, rehabilitation[M]. Springer Science & Business Media, 2011.

[2] He HuaWu. Guidelines for Design of Guidance Signage System in Railway Stations [M]. Beijing, China Railway Publishing House, 2010.

[3] Peterson L, Peterson M J. Short-term retention of individual verbal items[J]. Journal of experimental psychology, 1959, 58(3): 193.

[4] Souza A S, Oberauer K. Does articulatory rehearsal help immediate serial recall?[J]. Cognitive psychology, 2018, 107: 1-21.

[5] Daamen W, Hoogendoorn S P. Free speed distributions—Based on empirical data in different traffic conditions[C]//Pedestrian and evacuation dynamics 2005. Springer, Berlin, Heidelberg, 2007: 13-25.

[6] Chu J C, Yeh C Y. Emergency evacuation guidance design for complex building geometries[J]. Journal of Infrastructure Systems, 2011, 18(4): 288-296.

第7章 基于系统动力学的车站客流集散建模

若导向标识为乘客提供良好的引导服务，车站客流可有序顺利集散，但当客流需求超过设施能力引起堵塞或者设施服务水平不能满足乘客要求时，客流集散控制就成为车站管控的有效措施。掌握车站客流的集散分布特征是合理利用设施、科学制定客流组织和集散优化控制方案的前提。

为了使读者更加了解车站客流集散过程，本章通过分析车站客流集散网络构成，把车站作为人、设施、环境、管理等要素相互交融的综合体，提出并建立了客流集散系统动力学模型。在考虑设施通行能力和承载能力等宏观特性以及乘客走行速度和路径选择等微观特性的基础上，提出基于系统动力学的车站客流集散模型与算法。选择北京南站进行调研，采用Power-Sim Studio软件建立符合实际场景的出发客流集散系统动力学模型。通过对候车室客流的时变特征进行分析，得出通过调整列车时刻表可以缓解客流高峰。

7.1 微观运动模型分类

1. 对行人行为的描述程度

根据微观运动模型中对行人行为描述的详细程度，划分为运动模型（Movement models）、部分行为模型（Partial behavior models）和行为模型（Behavioral models）。

（1）运动模型

这一类模型强调人员的移动，对行人仅考虑其客观性，不考虑其个人主观意愿对行为的影响，主要用于研究行人通道的拥堵区域、排队区域以及瓶颈区域。比较典型的运动模型有：EVACNET4、Takahashi's Fluid Model、PathFinder、Timtex、Magnetic Model、Wayout、EESCAPE、EGRESSPRO、Entropy等。依据模型的运行方式，运动模型还可以更详细的划分为：最优化模型、路径选择模型、单路径模型、宏观模型。最优化模型在仿真过程中，人员的分配遵循总疏散时间最短的原则（见图7-1），左右两侧为疏散通道，模型自动平衡左右两侧的疏散人数，使疏散时间最短。如EVACNET4、Takahashi's Fluid Model模型。

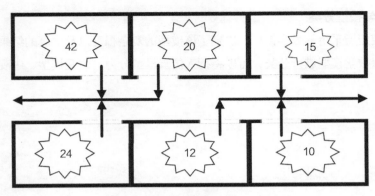

图7-1 最优化模型的疏散方案

路径选择模型中，模型的运行者指定模型中行人的疏散路径，可以为每个出口指定一定的人数，可以让模型中的行人自动选择最短路径，也可以人工确定固定的路径。如PathFinder、Timtex、Magnetic Model模型。

单路径模型，这种模型只针对仅有一个出口的建筑物，人员分散在建筑物内的各个部分，当仿真开始时，所有的人都通过一个出口疏散。这种模型的适用性较差。如Wayout、EESCAPE、EGRESSPRO模型。

宏观模型，这种模型中没有定义基于行人个人的参数，而是引入热力学中熵的概念，来模拟行人疏散过程中的复杂现象。如Entropy模型。

（2）部分行为模型

这一类模型主要模拟的仍然是行人的运动特性，但同时，通过对反映行人行为的数据进行分析，在这些模型中引入对行人行为的描述，如超越、等待、对火灾烟雾的反应等行为，并可将这些特性应用于整个建筑物的模拟中。比较典型的行为模型有：Pedroute、Paxport、AllSafe、STEPS、EXIT89、Simulex、GridFlow等。

（3）行为模型

这种模型较为复杂，完全针对每一个被仿真的行人。这类模型对行人的行为特性进行了详细的定义。在仿真过程中，在以一定特殊地点为运动目标的运动过程中，加入了人的选择行为对走行路径的影响，如年龄、性别、出行目的、拥挤状况、直达条件、地面状况、气候条件等多种影响人选择行为的因素，并考虑了人与人之间相互作用的影响。比较典型的模型有：CRISP、ASERI、BFIRES-2、Vegas、buildingEXODUS、EGRESS、EXITT、E-SCAPE、BGRAF、EVACSIM、NOMAD等。

2. 依据数学模型分类

行人仿真模型所采用的数学模型，决定了该模型的复杂程度以及仿真的结果与真实情况的接近程度。按照数学模型进行分类，可以将行人仿真模型分为：宏观模型、中观模型、微观模型，见图7-2。

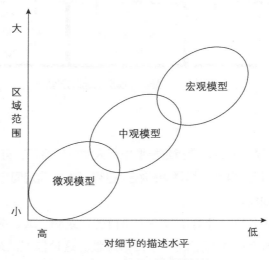

图7-2 宏观、中观、微观模型关系图

宏观模型研究的重点是行人流整体特性，如流量、密度与速度关系，此类模型假设行人流为可压缩的液体，并将流体动力学的相关关系应用于行人流中。此类模型研究范围大，同时考虑的人员数量多。典型的宏观模型有Fruin提出的流量、密度、速度模型。中观模型的特性则介于宏观模型与微观模型之间，既包含了宏观模型中最主要的流量、密度、速度关系特性，又具有微观模型的特点，其研究范围和研究细节程度适中。典型的中观模型是2001年提出的Florian模型，该模型将行人流描述为若干行人个体构成的队列单元，能够描述节点处的动态变化，但仍无法细致描述行人个体之间的相互作用。微观模型则侧重研究行人的个体特性，如行人个体的步行速度、方向与步行轨迹、目的地的选择、人与人之间的相互作用、排队行为等，研究范围较小。由于行人的特性均表现在微观层面，所以微观模型在描述行人之间、行人与周边环境的相互作用方面具有很大优势。目前应用较为广泛的行人仿真模型均为微观模型，一方面是由于行人的主要特性均表现在微观层面，另一方面也是由于在实际应用中，要解决的与行人相关的问题都集中在微观层面上，如行人组织与行人设施等研究对象均属于微观层面。另外，随着计算机性能的快速提升，微观模型因其过于复杂而只能研究小范围区域的问题逐步得到解决，并已经覆盖了中观模型的研究范围，使得微观模型成为发展最全面、应用最多的模型。因此，本章后面的内容将主要讨论微观行人仿真模型。

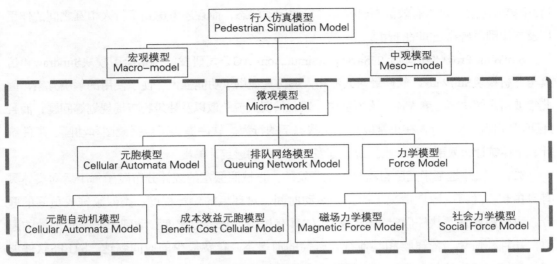

图7-3　微观仿真模型的分类

微观行人仿真模型主要依靠数学模型进行分类，见图7-3，微观行人仿真模型总体上分为三大类：元胞自动机类模型、排队网络模型和力学模型。并且在发展中，由于数学模型实现的方式不同，又发展出许多分支模型。如从传统的元胞自动机模型中发展出的成本效益元胞模型；力学模型最初是通过电磁学中的库仑定律实现的，后来通过改变作用力的方式发展出新的社会力模型。

7.2　行人仿真软件

目前常用的行人仿真软件种类很多，如Legion、Steps、Anylogic、SimWalk Pro、Nomad、SimPed、Pedroute/Paxport、Simulex、Micro-PedSim、Exo dus、EvacSim、Evacnet等，这些软件大多都用于模拟人群疏散。这里重点对比分析介绍Legion、SimWalk、STEPS以及本书中将用到的Anylogic软件。

Anyogic软件是由俄罗斯的XJ Technologies公司研发的，包括基础仿真平台和企业库两部分，行人仿真主要通过行人数据库（The Pedestrian Library）来实现，其核心算法为社会力模型。行人库的对象共分为全局参数设置对象、环境对象、行人对象和人群对象四部分，主要专注模拟行人流处在某个"物理"环境下的整体行为情况，尤其是能较好地模拟建筑内的行人密集流，因此本书在模拟综合枢纽内部的拥挤行人流时采用了Anylogic行人数据库，并且Anylogic可输出动画和行人数目、平均密度、停留时间等统计数据，从而为本书分析综合枢纽内的行人流拥挤特性提供数据支持。

Legion软件是基于元胞自动机模型建构而成的，共有Model Builder、Simulator和Analyser

这3个模块组成，可以有效仿真出行人步行的运动状态，而且还考虑到了行人相互之间的作用以及与周围障碍物之间的作用。

SimWalk Pro软件由瑞士的SavannahSimulations AG公司研发，包括绘图模块Simdraw和仿真与分析模块SimWalk。软件针对人流和人群仿真提供了功能强大、便于使用的解决方案，因此常被用来解决高密度人流、人群拥堵、紧急情况人流疏散以及建筑物布局规划等问题，而且还可以模拟出单个行人在正常以及恐慌状态下的行为。软件提供了包括截图和动画、事件统计、个体统计、人群统计、出口统计等多种文本和图形统计输出。

STEPS软件是基于元胞自动机模型开发的。它按照假定的统计分布赋予每个运动实体具有自由步行速度、疏散情况下的预先运动时间、对环境的熟悉程度、类似家庭成员间的联合、耐心等属性。软件假定每个运动实体具有按照自身步行速度移动到下一个目的地的愿望，并且在避免与障碍物和其他行人碰撞的前提下，花费最少的时间到达。STEPS软件能够仿真模拟输出流量、密度和空间利用率等数据，可以为分析枢纽内的客流拥堵机理提供便利。

7.3　客流集散系统动力学模型结构

根据客流集散过程，本章的系统动力学模型结构主要包含两个层次，上层反映客运站的整体功能分区，主要包括乘客进站模块、非付费区模块、付费区模块和离站模块；下层为每个功能分区所包含的设施服务子模块，如图7-4所示。

进站模块是指乘客采用不同交通方式到达车站站前大厅或广场至进站安检前的过程。非付费区模块是指乘客需要在安检仪、售票窗口以及闸机前排队等候，进行相应的安全检查、购票等服务。乘客排队过程主要受设施能力、数量和排队人数的影响。设施能力和数量的增加会使

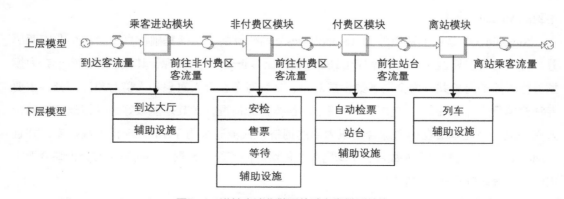

图7-4　进站客流集散系统动力学模型结构

乘客通过设施的速率增加,从而使排队人数减少;相反,排队人数会增加,降低车站服务水平。付费区模块是指乘客需要排队验票后进入站台的过程,此过程主要受检票口数量、检票机数量、站台与检票口的距离以及站台可容纳人数的影响。检票口数量增加或检票人员的增加使得检票速率增加,从而降低排队长度;站台与检票口距离的增加会降低乘客进入站台的速率。离站模块描述了乘客乘车离站的过程,乘客离站时间与列车时刻表相同,列车载客量的提高使得离站速率提高。

7.4　集散系统动力学模型建立

7.4.1　进站模型

乘客进站乘车需求是由列车时刻表产生,通过建立基于列车时刻表的乘客到达模型,进而估算进站乘客数量。乘客进站数量的计算方法如下:

第一步:获得列车时刻表,包括列车始发时刻、列车编组信息、不同类型车厢容量等。

第二步,根据列车编组信息和车厢容量确定整列车可容纳的人数。

第三步:根据出发时间确定到达列车的满载率,进而确定乘坐每列车的实际乘客人数。

第四步:根据列车始发时间确定乘客提前到达的时间间隔,根据乘客到达分布规律,确定每趟列车乘客在一定时间间隔内到达的人数。

第五步:对所有乘客重复第一步至第四步。

第六步:通过加总每趟列车的乘客在间隔时间内到达的人数,获得车站在一定时间间隔内的乘客到达数量。

7.4.2　排队设施模型

非付费区与付费区均存在一系列的排队服务设施,如安检仪、售票口和闸机检票口,可以采用流与栈的关系表示乘客接受服务的流程。以安检仪为例,进站乘客从站前广场或换乘大厅向安检仪移动,首先需要排队,接受安检。根据安检结果,符合安全要求的乘客可顺利通过安检程序,携带违禁物品的乘客则需进一步接受检查,并处置乘客所携带危险品。乘客接受安检的系统动力学流程图如图7-5所示。

7.4.3　通道客流流动模型

连接客运站各个区域的通道客流走行速度主要取决于客流密度大小,为了表示乘客走行速

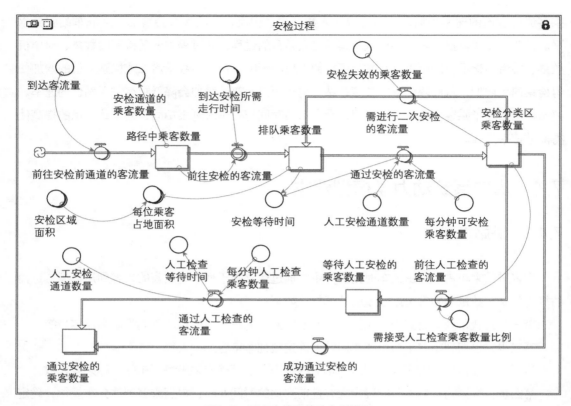

图7-5 乘客安检系统动力学模型

度的随机性，不同客流密度范围下采用不同的速度分布函数，如表7-1所示。

不同客流密度速度分布函数   表7-1

LOS	密度（人/m²）	流量[人（min/m）]	速度范围（m/min）	分布
A	<0.179	≤16	[78.0，108.0]	N（93.0，5.0）
B	0.179~0.27	16~23	[76.2，78.0]	N（77.1，0.3）
C	0.27~0.45	23~33	[73.2，76.2]	N（74.7，0.5）
D	0.45~0.71	33~49	[68.4，73.2]	N（70.8，0.8）
E	0.33~0.71	49~75	[45.0，68.4]	N（56.7，3.9）
F	1.33~3.33	>75	[0，45.0]	N（22.5，7.5）

那么，本章建立的通道客流流动的系统动力学模型结构如图7-6所示。

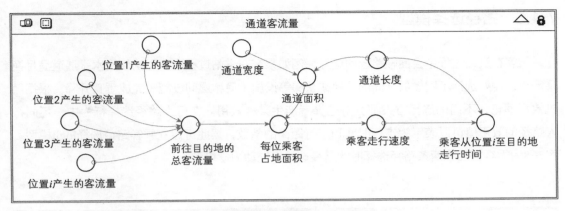

图7-6 通道客流流动的系统动力学模型

7.4.4 容量限制

不同进站设施承载客流量必须小于其承载能力，当进站客流量大于某设施的承载能力时，需要根据其承载能力大小限制乘客进入容量限制区域的速率，容量限制模型如图7-7所示。容量限制方程为：Pax proceeding to facility 2=min（pax in facility1/walking time from facility 1 to facility 2，（capacity of facility 2−pax in facility 2）/DT+pax leaving facility 2）。

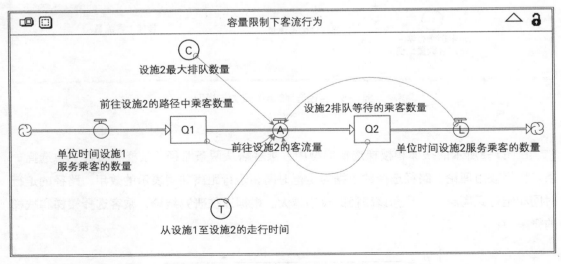

图7-7 容量限制系统动力学模型

7.4.5　路径选择模型

乘客在进站过程中会面临路径的选择，例如乘客在进站过程中，无法使用水平通道满足换乘需求，需要选择不同楼层之间的楼梯或扶梯等设施（简称层间设施）完成垂直升降。根据随机效用理论，不同的选择方案都会对选择者产生某种效用。在行人路径选择行为中，不同行人路径的效用值可以表示为走行时间和走行距离的函数，据此可建立乘客路径选择logit模型。图7-8为乘客在面临两条路径选择时的路径选择系统动力学模型。

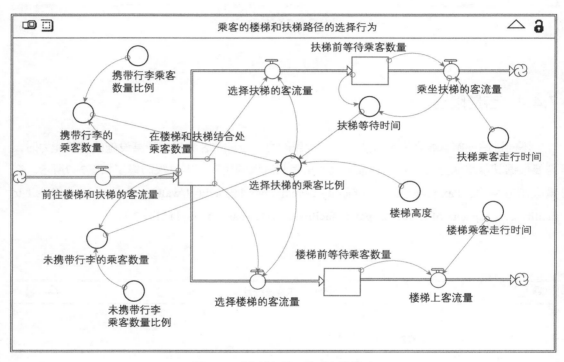

图7-8　路径选择的系统动力学模型

在图7-8所示的扶梯和楼梯选择模型中，乘客需从两条路径（扶梯和楼梯）中选择一条。根据效用理论，路径选择的依据为走行时间和走行距离共同表示的效用，路径的走行时间和走行距离越小，选择该路径的概率越大。根据以往研究结论，乘客选择楼梯和扶梯的概率为：

$$\begin{cases} P_{st} = \dfrac{1}{1 + \exp(6.6324 - 0.5986 t_2^{esc} + 0.8642 h^{st} + 0.9976 g^{st})} \\ P_{esc} = 1 - P_{st} \end{cases} \qquad (7-1)$$

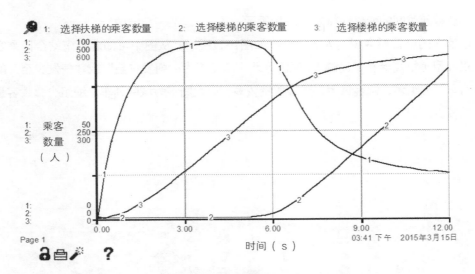

图7-9　扶梯和楼梯选择概率与排队人数关系

其中，t_2^{csc}为乘客乘坐扶梯需等待的时间，h^{st}为扶梯的高度，g^{st}为乘客是否携带行李，若携带$g^{st}=1$，否则$g^{st}=0$。

图7-9展示了扶梯和楼梯的选择概率与排队人数关系，虽然在初始阶段排队人数在增加，但乘客更倾向于选择扶梯，随着排队人数超过一定阈值，更多的乘客选择楼梯。

7.5　实例研究

以北京南站的进站客流为研究对象，建立基于系统动力学的客流集散模型，北京南站的相关介绍可见本书第6章。

7.5.1　模型输入

北京南站始发列车共有152列，其中城际高速列车80列，普通动车20列，高速动车组52列。乘客到达车站规律符合对数正态分布lognormal（4,0.4），提前到达时间最大值取250min，满载率100%；京津城际动车组乘客提前15min检票，其他方向动车组乘客提前20min检票。交通方式承担比例：地铁50%，公交20%，出租车18%，私家车10%，其他方式2%；当天最早始发列车为6:30。乘客提前到达时间区间为［5min，250min］。仿真开始时间为2:30，仿真结束时间为23:00，仿真时步取1min。

发车次数随时间的变化规律如图7-10所示。

模型输入的全日乘客到达人数的分布如图7-11所示，从图中可知北京南站全日乘客到达规律为双峰型（早高峰和午高峰），原因为北京南站多为"朝发夕至"或"午发夕至"的动车和高速列车，编组多，载客量大，乘客数量较多。而晚间多为城际列车，编组少，载客量小，乘客数量较少。

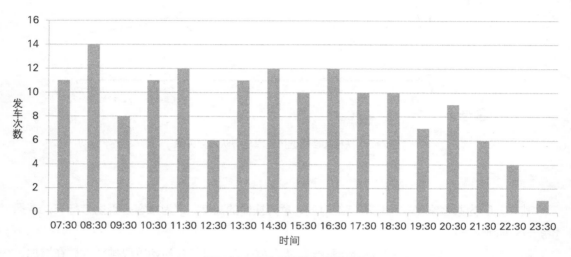

图7-10　北京南站发车次数变化

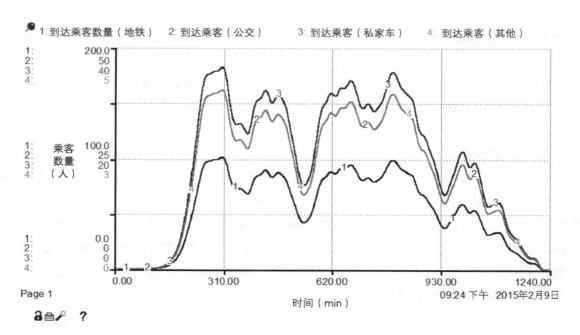

图7-11　24h北京南站到达客流变化

7.5.2　模型建立与分析

本章选取北京南站作为研究对象，北京南站进站流线如图7-12所示。

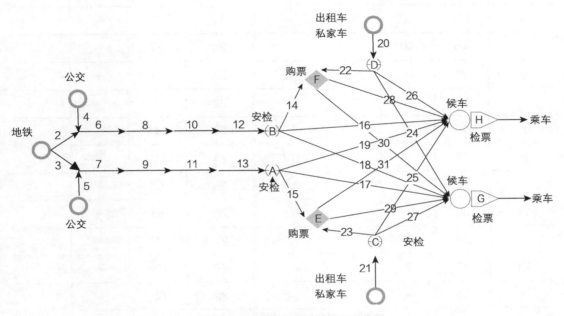

图7-12　北京南站进站流线网络示意图

进站设施参数如表7-2和表7-3所示。

排队服务设施参数　　　　　　　　　　　　　表7-2

设施编号	名称	服务时间（s）	数量	设施编号	名称	服务时间（s）	数量
A	安检仪	4	1	E	售票口	30	3
B	安检仪	4	1	F	售票口	30	3
C	安检仪	4	1	G	闸机	2	6
D	安检仪	4	1	H	闸机	2	3

部分通道设施参数   表7-3

设施编号	长（m）	宽（m）	高（m）	速度（m/s）	设施编号	长（m）	宽（m）	高（m）
2	108	10	–	–	17	48	+	
3	75	10	–	–	18	215	+	
4	130	10	–	–	19	121	+	
5	45	10	–	–	20	27	+	
6	38	–	12	0.7	21	27	+	
7	20	–	6	0.7	22	66	+	
8	15	5	–	–	23	141	+	
9	20	–	6	0.7	24	115	+	
10	30	–	9	0.7	25	53	+	
11	30	–	9	0.7	26	53	+	
12	33	7			27	115	+	
13	35	7			28	106	+	
14	61	+			29	65	+	
15	56	+			30	181	+	
16	130	+			31	90	+	

注："+"表示为该段状设施宽度为面状设施转变而来。

　　根据北京南站进站流线、设施布局和参数建立乘客集散系统动力学模型，模型参数设置与实际场景一致。图7-13为其中一条进站流线的系统动力学模型。

　　运行模型得到候车室聚集人数的分布规律如图7-14所示。

　　上午6:30～8:30时，候车室聚集人数为历史最高，原因为在此时间段内发车次数较多（25列），提前到达的乘客人数多，而部分乘客进站之后需要等待检票乘车。为了平衡候车大厅的聚集人数，可通过调整列车时刻表使得早高峰发车次数降低，增加其他时间的发车次数，从而达到削峰填谷的目的。

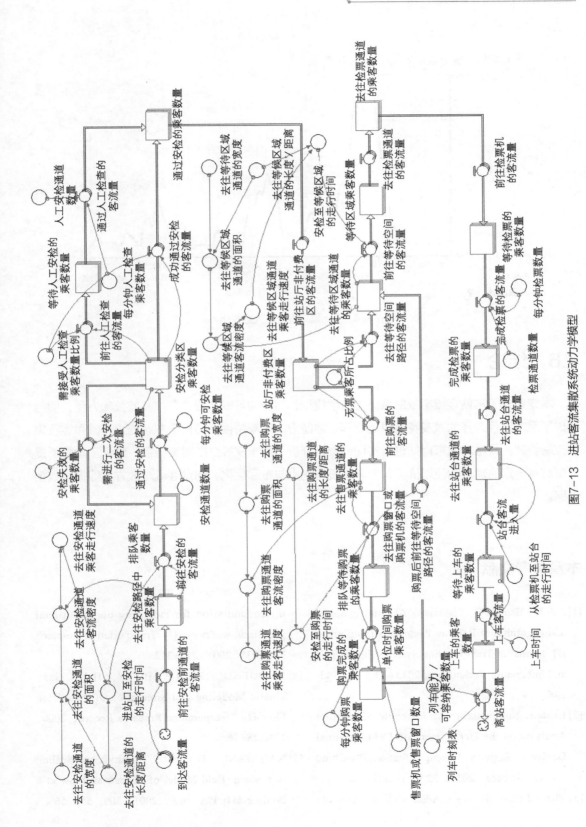

图7-13　进站客流集散系统动力学模型

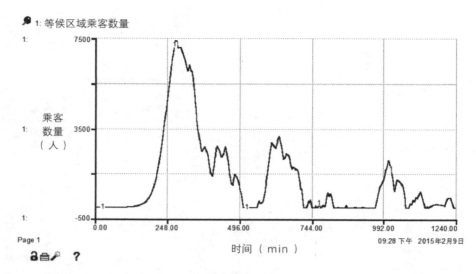

图7-14　24h候车室聚集人数变化

7.6　结论

　　本章建立了车站客流集散的系统动力学模型，模型的可视化程度高，参数控制方便，同时考虑了乘客路径选择的微观特性以及设施容纳能力的宏观特性，可用于车站能力评价和客流集散控制管理。通过对北京南站进行实地调查，分析了候车室客流的时变特征，验证了本章所提模型具有一定的理论和使用价值，为车站设施能力与布局优化、制定客流疏散方案等提供数据依据。

本章参考文献

[1] Aili W, Baotian D, Chunxia G. Assembling Model and Algorithm of Railway Passengers Distribution [J]. Journal of Transportation Systems Engineering and Information Technology, 2013, 13（1）: 142-148.

[2] Lijitao, Sunquanxin. Microscopic Simulation Analysis on the Deployment of TVM Terminal Device in Railway Passenger Station[J]. China Railway Science, 2011, 32（3）: 117-22.

[3] Victor J.Blue, Jeffrey L.Adler. Cellular automata microsimulation for modeling bi-directional pedestrian walkways [J]. Transportation Research Part B 35（2001）293-312.

[4] HOOGENDOORN S P, BOVY P H L. Gas-kinetic Modeling and Simulation of Pedestrian Flows[J]. Transportation Research Record, 2000, 1710:28-36.

[5] NAGATANI T. Dynamical Transition and Scaling in a Mean-field Model of Pedestrian Flow at a Bottleneck[J]. Physica A, 2001, 300: 558-566.

[6] WOLFRAM.S. Cellular Automata and Complexity[M]. Baltimore: Addison−Wesley Publishing Company, 1994.

[7] DAAMEN W, BOVY P H L, HOOGENDOORN S P, et al. Passenger Route Choice Concerning Level Changes in Rail−way Station[C]//Transportation Research Board Annual Meeting 2005. Washington DC： National Academy Dress, 2005:1−18

[8] Xue, Fei1 Fang; Wei−Ning; Guo, Bei−Yuan. Rail transit station passenger flow evolution algorithm based on system dynamics[J]. Journal of the China Railway Society, 2014, 36（02）:1−10.

[9] Manataki, I. E., and K. G. Zografos. 2009. "A Generic System Dynamics Based Tool for Airport Terminal Performance Analysis." Transportation Research Part C 17（4）: 428–443.

[10] JIA Hongfei, YANG Lili, TANG Ming. Pedestrian Flow Characteristics Analysis and Model Parameter Calibration in Comprehensive Transport Terminal[J]. J Transpn Sys Eng & IT, 2009, 9（5）, 117−123

第8章　城市轨道交通车站通道客流控制

本书第6章建立的系统动力学模型仅能模拟不同管控措施下客流集散状态的变化，管理者可以通过设置不同模型参数来测试不同客流控制方案的效果，但这种方式实施过程复杂且需要较长时间得到最优的客流集散控制方案。因此，仍需根据客流的系统动力学模型建立客流控制模型，提出控制目标并得出达到目标所需的最优控制策略。本章首先从通道这个最小的集散网络单元开始建立客流控制模型，采用循序渐进的方式建立客流集散网络控制模型。

通道是乘客进出站或换乘另一线路的走行径路，主要包括出入通道和换乘通道两个部分，它的导向性强，人流易于集中安排疏导，容易进行站内秩序的组织。通道客流控制属于城市轨道交通车站集散客流控制的基础，目前通道客流控制研究不足，也会导致管理者盲目选择通道客流控制措施。为了研究轨道交通枢纽内部单个通道客流的控制方法，本章基于反馈控制理论构建了通道客流反馈控制模型与方法。首先根据通道内客流的流动方向，将通道客流控制分为单向客流控制和双向客流控制。单向客流控制模型对应于单向通道客流控制，双向客流控制模型对应于双向通道客流控制。轨道交通车站通道客流控制模型可以避免通道阻塞，提高通道通行能力，同时为车站内部局部客流控制奠定了理论基础。

8.1　车站通道客流演变模型

本节主要建立车站单向和双向通道客流演变模型，为通道客流控制提供理论基础。

8.1.1　行人流基本图

车站通道根据客流流动方向的构成，一般分为单向通道和双向通道。为了能够建立通道客流的控制模型，首先需要建立通道客流演变模型。根据行人流基本图规律，本章构建了车站通道单向行人流和双向行人流的基本图通式及其两者的微观推导方法，实现了行人流宏观现象和微观运动规律的统一。由于通道内乘客密度分布不均匀，将通道拆分为多个分通道进行研究，进而建立基于流量守恒的通道客流演变模型。

1. 行人流基本图关系式

单向行人流基本图是描述行人流量、密度和速度关系的理论，行人流基本图是行人流控制的基础依据，目前关于行人流基本图的研究较多，研究方法主要分为实地调查和试验仿真两种，如表8-1所示为目前单向行人流基本图的研究成果集合。

单向行人流基本图　　　　　　　　　　　　　　表8-1

来源	基本图	参数
Greenshields（1935）	$v(\rho)=v_m^f(1-\rho/\rho_m)$	v_m^f,ρ_m
Fruin（1971）	$v(\rho)=v_m^f-\theta\rho$	v_m^f,θ
DiNenno（2002）	$v(\rho)=v_m^f-\theta\rho v_m^f$	v_m^f,θ
Tregenza（1976）	$v(\rho)=v_m^f-\exp(-(\rho/\theta)^\gamma)$	v_m^f,θ,γ
Weidmann（1993）	$v(\rho)=v_m^f(1-\exp(-\gamma(1/\rho-1/\rho_m)))$	$v_m^f,\theta,\gamma,\rho_m$
Rastogi etal.（2013）	$v(\rho)=v_m^f\exp(-(\rho/\theta))$	v_m^f,θ

虽然不同研究所得行人流基本图不同，但从以上基本图公式可知，行人流基本图均需满足以下条件：当行人密度趋于0时，行人速度趋向于自由速度或者最大速度v_m^f；当密度趋于最大密度ρ_m时，行人速度趋于0，行人停止移动。因此，在未标定行人流基本参数前，单向行人流基本图可以表示为通式：

$$v=v_m^f f(\rho/\rho_m)　　　　　　　（8-1）$$

其中，$\lim_{\rho\to0}f(\rho/\rho_m)=1,\lim_{\rho\to\rho_m}f(\rho/\rho_m)=0$。

相比于单向行人流，由于不同方向的行人流之间存在强烈正面冲突和交叉冲突，双向行人流中行人之间的相互影响更甚，堵塞的概率也会更高，双向行人流的基本图与单向性人流基本图存在不同。双向行人流中行人速度不仅与行人密度存在关系，也受到异向行人密度的影响。建立对向行人流系统动力学模型的前提是清楚描述对向行人流基本图，即行人流速度，密度和流量的关系。双向行人流基本图必须满足以下基本条件：①当密度ρ趋于0时，行人走行速度最大，最大速度为v_m^f，通常称之为期望速度；②当行人密度ρ趋于0时，流量也趋于0；③当行人密度ρ趋于堵塞密度ρ_m时，行人速度趋于0，流量也趋于0；④考虑双向行人流干扰对行人速度的影响，在行人密度ρ相同情况下，当右向行人密度ρ^r越大，右向行人对于左向行人前进的阻碍越大，左向行人速度v^l越小，反之亦然。

根据上述性质，在未标定行人流基本参数前，可以暂时将双向行人流基本图表示为：

$$v^r = v_m^f f(\rho/\rho_m, \rho^l/\rho_m)$$
$$v^l = v_m^f f(\rho/\rho_m, \rho^r/\rho_m)$$

（8-2）

其中v^r、ρ^r、v^l、ρ^l分别为右向行人流速度和密度、左向行人流速度和密度。

2. 单向与双向行人流基本图推导

建立通道客流演变模型的前提是清楚描述行人流基本图。Marija Nikoli根据社会力模型中加速度的不同表现形式和行人匀速假设，推导出各种单向行人流基本图，其中Greenshields基本图推导过程如下。

根据社会力模型，行人ρ的加速度a_p为：

$$a_p = \frac{v_m^f - v_p}{\tau} - F_p$$

（8-3）

其中v_p为行人当前速度，τ为行人加速时间，F_p为其他行人对行人p的总作用力，并且与行人p所处区域的密度ρ_p和期望速度呈正比，假设$F_p = S_p v_m^f \rho_p/\rho_m$，其中$S_p$为行人$P$与其他行人之间的拥挤作用强度，令$S_p = 1/\tau$，当行人匀速运动时，令$a_p=0$，得：

$$v_p = v_m^f(1 - \rho_p/\rho_m)$$

（8-4）

将式（8-4）应用于所有行人，可得Greenshields单向行人流基本图模型：

$$v = v_m^f(1 - \rho/\rho_m)$$

（8-5）

对于交叉行人流，行人所受作用力不仅有单向行人流中的拥挤力F_p，更有异向行人流的冲突力F_c，令冲突强度为$\alpha, 0 \leq \alpha \leq 1$，表示异向行人流中对行人$p$有冲突作用的人数所占比例；令$\phi$为不同方向行人流之间的夹角。在交叉行人流中，令$\rho_p^c$为异向行人流密度，根据$F_p$的表达形式，令$F_c = S_p v_p \alpha \rho_p^c/\rho_m = \alpha S_p v_m^f \rho_p^c/\rho_m(1-\rho_p/\rho_m)(1-\cos(\phi))$。对于对向行人流，$\cos(\phi) = -1$，行人冲突最为严重，$F_c = S_p v_p \alpha \rho_p^c/\rho_m = 2\alpha S_p v_m^f \rho_p^c/\rho_m(1-\rho_p/\rho_m)$。那么：

$$a_p = \frac{v_m^f - v_p}{\tau} - v_m^f S_p \rho_p/\rho_m - 2v_m^f S_p \alpha \rho_p^c/\rho_m(1-\rho_p/\rho_m)$$

（8-6）

同样令$a_p=0$，$S_p=1/\tau$并具体到右向行人速度v^r和左向行人速度v^l，得对向行人流基本图，如下式：

$$v^r = v_m^f(1-\rho/\rho_m)(1-2\alpha\rho^l/\rho_m)$$
$$v^l = v_m^f(1-\rho/\rho_m)(1-2\alpha\rho^r/\rho_m)$$

（8-7）

其中，ρ^{r}，ρ^{l}分别为右向行人和左向行人密度，$\rho=\rho^{\mathrm{r}}+\rho^{\mathrm{l}}$，$\alpha=0$表示无冲突情形，对向行人流完全分离，此时式（8-7）与式（8-5）一致。$\alpha=1$表示完全冲突情形，此时两个方向的行人流完全交叉。将所得对向行人流基本图与文献结果比较，尽管两者基于的单向行人流基本图不同，但其最终表达形式基本相同，从而验证本章基本图推导过程的正确性。

那么，右向行人流量q^{r}和左向行人流量q^{l}为：

$$q^{\mathrm{r}} = \rho^{\mathrm{r}} v_{\mathrm{m}}^{\mathrm{f}}(1 - \rho/\rho_{\mathrm{m}})(1 - 2\alpha\rho^{\mathrm{l}}/\rho_{\mathrm{m}})$$
$$q^{\mathrm{l}} = \rho^{\mathrm{l}} v_{\mathrm{m}}^{\mathrm{f}}(1 - \rho/\rho_{\mathrm{m}})(1 - 2\alpha\rho^{\mathrm{r}}/\rho_{\mathrm{m}})$$

（8-8）

并且，当$\rho^{\mathrm{r}} = \dfrac{\rho_{\mathrm{m}} - \rho^{\mathrm{l}}}{2}$、$\rho^{\mathrm{l}} = \dfrac{\rho_{\mathrm{m}} - \rho^{\mathrm{r}}}{2}$时，$q^{\mathrm{r}}$、$q^{\mathrm{l}}$分别取得最大值$q_{\mathrm{m}}^{\mathrm{r}}$、$q_{\mathrm{m}}^{\mathrm{l}}$

$$q_{\mathrm{m}}^{\mathrm{r}} = \frac{\rho_{\mathrm{m}} - \rho_{\mathrm{l}}}{4} v_{\mathrm{m}}^{\mathrm{f}}(1 - \frac{\rho_{\mathrm{l}}}{\rho_{\mathrm{m}}})(1 - 2\alpha \frac{\rho_{\mathrm{l}}}{\rho_{\mathrm{m}}})$$
$$q_{\mathrm{m}}^{\mathrm{l}} = \frac{\rho_{\mathrm{m}} - \rho_{\mathrm{r}}}{4} v_{\mathrm{m}}^{\mathrm{f}}(1 - \frac{\rho_{\mathrm{r}}}{\rho_{\mathrm{m}}})(1 - 2\alpha \frac{\rho_{\mathrm{r}}}{\rho_{\mathrm{m}}})$$

（8-9）

8.1.2　通道客流演变的系统动力学模型

1. 单向通道客流演变系统动力学模型

令单向通道长度为L，由于通道内客流密度分布不均，将通道分为n个分通道，如图8-1所示，分通道i的长度为L_i。对于单向通道，令q_0为通道乘客瞬时流入量，q_i为分通道i瞬时乘客流出量；ρ_i为分通道i客流密度。

根据连续流体力学模型LWR模型，每个分通道的客流均遵循以下守恒方程：

$$\frac{\partial \rho_i}{\partial t} + \frac{\partial q_i}{\partial x} = 0$$

（8-10）

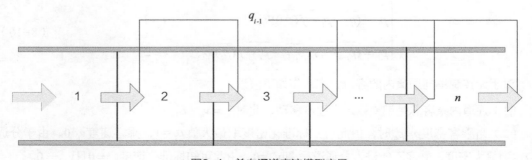

图8-1　单向通道客流模型变量

假设每个分通道乘客密度均匀分布，根据上述公式，对于单向通道有：

$$\frac{\rho_i(t+\Delta t)-\rho_i(t)}{\Delta t}-\frac{q_{i-1}-q_i}{L_i}=0 \qquad (8-11)$$

令 $\Delta\rho_i=\rho_i(t+\Delta t)-\rho_i(t)$，那么，分通道 i 的客流的流量守恒方程为：

$$\Delta\rho_i L_i=(q_{i-1}-q_i)\Delta t \qquad (8-12)$$

令 $\Delta t\rightarrow 0$，那么：

$$\dot{\rho}_i=\frac{(q_{i-1}-q_i)}{L_i} \qquad (8-13)$$

其中 $\dot{}$ 为求导运算符，$\dot{\rho}_i$ 表示 ρ_i 关于时间 t 的导数。

将式（8-1）带入式（8-13）得：

$$\dot{\rho}_i=\frac{\rho_{i-1}v_{i-1}f(\rho_{i-1}/\rho_m)-\rho_i v_i f(\rho_i/\rho_m)}{L_i} \qquad (8-14)$$

其中 v_i 为分通道 i 乘客控制速度。

具体至每个分通道分别有：

$$\begin{cases}\dot{\rho}_1=\dfrac{q_0-\rho_1 v_1 f(\rho_1/\rho_m)}{L_i}, & i=1 \\ \dot{\rho}_i=\dfrac{\rho_{i-1}v_{i-1}f(\rho_{i-1}/\rho_m)-\rho_i v_i f(\rho_i/\rho_m)}{L_i}, & i\geqslant 2\end{cases} \qquad (8-15)$$

然后进行以下变量代换：

$$\overline{\rho_i}=\rho_i/\rho_m \quad \overline{v_i}=v_i/L \quad \overline{q_0}=\frac{q_0}{\rho_m L}, b_i=L/L_i$$

将简化后的变量称之为标准变量。$\overline{\rho_i}$、$\overline{v_i}$ 以及 $\overline{q_0}$ 分别为标准客流密度，标准速度以及标准乘客流入量。

式（8-15）变为：

$$\begin{cases}\dot{\overline{\rho_1}}=(\overline{q_0}-\overline{\rho_1 v_1}f(\overline{\rho_1}))b_i, & i=1 \\ \dot{\overline{\rho_i}}=(\overline{\rho_{i-1}v_{i-1}}f(\overline{\rho_{i-1}})-\overline{\rho_i v_i}f(\overline{\rho_i}))b_i, & i\geqslant 2\end{cases} \qquad (8-16)$$

对于无控制单向通道内的客流，本章作如下假设：

（1）通道内乘客总是期望以最大速度移动，此时 $\overline{v_i}=v_m^f/L$。

（2）当乘客密度 $\rho_i=\rho_m$ 时，由此可知标准化密度取最大值 $\overline{\rho_i}=1$，乘客速度 $v_i=0$。由于分通道 i 达到最大密度，乘客不能进入分通道 i，即 $v_{i-1}=0$。由此可知标准化速度 $\overline{v_i}=0$ 且 $\overline{v_{i-1}}=0$。

（3）无控制条件下，通道乘客移动需求足够大，并总是以最大允许流入量$q_0(t)=q_m$进入通道。根据变量简化过程可知标准乘客流入量为：

$$\overline{q_0}=\frac{q_m}{\rho_m L}\tag{8-17}$$

（4）通道乘客输出流量不受相邻通道能力的限制。

在上述4个假设条件下，式（8-16）则表示了无控制下单向通道内客流动力系统演化的状态空间方程。

2. 双向通道客流演变系统动力学模型

令双向通道长度为L，将通道分为n个分通道，如图8-2所示，分通道i的长度为L_i。对于右向客流，令q_0^r为通道左端乘客瞬时流入量，q_i^r为分通道i右向瞬时客流出量；ρ_i^r为分通道i右向乘客密度。对于左向客流，令q_0^l为通道左端右向乘客瞬时流入量，q_i^l为分通道i左向瞬时流出量；ρ_i^l为分通道i左向乘客密度，$\rho_i=\rho_i^r+\rho_i^l$为分通道i的乘客密度。

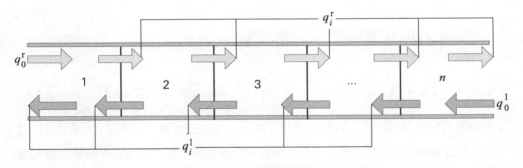

图8-2　双向通道客流模型变量

根据LWR模型，每个分通道右向和左向客流均遵循以下公式：

$$\frac{\partial \rho_i^r}{\partial t}+\frac{\partial q_i^r}{\partial x}=0$$
$$\frac{\partial \rho_i^l}{\partial t}+\frac{\partial q_i^l}{\partial x}=0\tag{8-18}$$

假设每个分通道乘客密度均匀分布，根据上述公式，对于右向和左向客流分别有：

$$\frac{\rho_i^r(t+\Delta t)-\rho_i^r(t)}{\Delta t}-\frac{q_{i-1}^r-q_i^r}{L_i}=0$$
$$\frac{\rho_i^l(t+\Delta t)-\rho_i^l(t)}{\Delta t}-\frac{q_{i+1}^l-q_i^l}{L_i}=0\tag{8-19}$$

令 $\Delta\rho_i^r = \rho_i^r(t+\Delta t) - \rho_i^r(t), \Delta\rho_i^l = \rho_i^l(t+\Delta t) - \rho_i^l(t)$，那么，分通道 i 的右向和左向客流的流量守恒方程为：

$$\Delta\rho_i^r L_i = (q_{i-1}^r - q_i^r)\Delta t$$
$$\Delta\rho_i^l L_i = (q_{i+1}^l - q_i^l)\Delta t \tag{8-20}$$

令 $\Delta t \to 0$，那么：

$$\dot{\rho}_i^r = \frac{(q_{i-1}^r - q_i^r)}{L_i}$$
$$\dot{\rho}_i^l = \frac{(q_{i+1}^l - q_i^l)}{L_i} \tag{8-21}$$

其中 $\cdot$ 为求导运算符，$\dot{\rho}_i^r$ 和 $\dot{\rho}_i^l$ 表示 ρ_i^r 和 ρ_i^l 关于时间 t 的导数。

将式（8-8）带入式（8-21）得：

$$\dot{\rho}_i^r = \frac{\rho_{i-1}^r v_{i-1}^r f(\rho_{i-1}/\rho_m, \rho_{i-1}^l/\rho_m) - \rho_i^r v_i^r f(\rho_i/\rho_m, \rho_i^l/\rho_m)}{L_i}$$
$$\dot{\rho}_i^l = \frac{\rho_{i+1}^l v_{i+1}^l f(\rho_{i+1}/\rho_m, \rho_{i+1}^r/\rho_m) - \rho_i^l v_i^l f(\rho_i/\rho_m, \rho_i^r/\rho_m)}{L_i} \tag{8-22}$$

其中 v_i^r 和 v_i^l 为分通道 i 右向和左向乘客最大速度。

将上式两端同时除以 $\rho_m L$，然后进行以下变量代换：

$$\overline{\rho_i^r} = \rho_i^r/\rho_m, \overline{\rho_i^l} = \rho_i^l/\rho_m \quad \overline{v_i^l} = v_i^l/L, \overline{v_i^r} = v_i^r/L \quad \overline{q_0^r} = \frac{q_0^r}{\rho_m L}, \overline{q_0^l} = \frac{q_0^l}{\rho_m L}, b_i = L/L_i \quad \overline{\rho_i} = \rho_i/\rho_m。$$

与单向通道客流模型相同，将简化后的变量称之为标准变量。$\overline{\rho_i^r}$ 和 $\overline{\rho_i^l}$，$\overline{v_i^r}$ 和 $\overline{v_i^l}$，以及 $\overline{q_0^r}$ 和 $\overline{q_0^l}$ 分别为标准右向和左向客流密度，标准右向和左向速度以及标准右向和左向乘客流入量。

通过以上等价简化，式（8-22）可以等价为：

$$\begin{cases} \dot{\overline{\rho_i^r}} = b_i(\overline{\rho_{i-1}^r v_{i-1}^r} f(\overline{\rho_{i-1}}, \overline{\rho_{i-1}^l}) - \overline{\rho_i^r v_i^r} f(\overline{\rho_i}, \overline{\rho_i^l})) \\ \dot{\overline{\rho_i^l}} = b_i(\overline{\rho_{i+1}^l v_{i+1}^l} f(\overline{\rho_{i+1}}, \overline{\rho_{i+1}^r}) - \overline{\rho_i^l v_i^l} f(\overline{\rho_i}, \overline{\rho_i^r})) \end{cases} \tag{8-23}$$

具体到每个分通道，对向客流的状态空间方程可以表示为：

$$\begin{cases} \dot{\overline{\rho_i^r}} = b_1(\overline{q_0^r} - \overline{\rho_i^r v_i^r} f(\overline{\rho_i}, \overline{\rho_i^l})) \\ \dot{\overline{\rho_i^r}} = b_i(\overline{\rho_{i-1}^r v_{i-1}^r} f(\overline{\rho_{i-1}}, \overline{\rho_{i-1}^l}) - \overline{\rho_i^r v_i^r} f(\overline{\rho_i}, \overline{\rho_i^l})) \end{cases} \tag{8-24}$$

$$\begin{cases} \dot{\overline{\rho_n^l}} = b_n(\overline{q_0^l} - \overline{\rho_n^l v_n^l} f(\overline{\rho_n}, \overline{\rho_n^r})) \\ \dot{\overline{\rho_i^l}} = b_i(\overline{\rho_{i+1}^l v_{i+1}^l} f(\overline{\rho_{i+1}}, \overline{\rho_{i+1}^r}) - \overline{\rho_i^l v_i^l} f(\overline{\rho_i}, \overline{\rho_i^r})) \end{cases} \tag{8-25}$$

对于无控制双向通道客流，本章作如下假设：

（1）通道乘客总是期望以最大速度移动，此时：$\overline{v_i^l} = \overline{v_i^r} = \overline{v_m^f} = v_m^f / L$

（2）当乘客密度 $\rho_i = \rho_m$ 时，由此可知标准化密度取最大值 $\overline{\rho_i} = \overline{\rho_i^r} + \overline{\rho_i^l} = 1$，乘客速度 $v_i^l = v_i^r = 0$。由于分通道 i 达到最大密度，$v_{i+1}^l = v_{i-1}^r = 0$。由此可知标准化速度 $\overline{v_i^l} = \overline{v_i^r} = 0$ 且 $\overline{v_{i+1}^l} = \overline{v_{i-1}^r} = 0$。

（3）无控制条件下，通道两端乘客移动需求足够大，并总是以最大允许流入量 $q_0^l(t) = q_m^l, q_0^r(t) = q_m^r$ 进入通道。那么：

$$\overline{q_0^l} = \frac{q_m^l}{\rho_m L}$$

$$\overline{q_0^r} = \frac{q_m^r}{\rho_m L} \tag{8-26}$$

（4）通道乘客输出流量不受相邻通道或者出口的限制。

在上述4个假设条件下，式（8-24）和式（8-25）则表示了无控制下双向通道客流动力系统演化的状态空间方程。

8.2　车站通道客流控制模型

假设乘客接受并服从控制，本节基于上述行人流基本图和不同形式的客流特点，以客流量最大化为目标计算通道客流状态的控制目标；然后基于通道客流演变模型，建立通道客流控制模型，实现客流状态向目标状态的快速收敛。

8.2.1　单向通道客流控制模型

管理者期望通道发挥最大能力，也就是使得通道客流量最大。根据客流量和密度的关系，客流状态目标集可以采用乘客密度表示。在行人流基本图关系式中，存在临界密度 ρ^{cr} 使得通道内客流量最大，因此，单向通道客流密度的控制目标为 ρ^{cr}，为使得乘客密度随时间收敛于临界密度，可以令：

$$\overline{\rho_i} = e^{-k_i t + C_i} + \overline{\rho^{cr}} \tag{8-27}$$

其中 k_i 为控制增益，且 $k_i > 0$，C_i 为常数。

根据式（8-27）可得，乘客密度关于时间 t 的导数可表示为：

$$\dot{\overline{\rho_i}} = -k_i (\overline{\rho_i} - \overline{\rho^{cr}}) \tag{8-28}$$

将式（8-28）与式（8-16）联立得：

$$\begin{cases} (\overline{q_0} - \overline{\rho_1}\,\overline{v_1}\,f(\overline{\rho_1}))b_1 = -k_1(\overline{\rho_1} - \overline{\rho^{cr}}), & i=1 \\ (\overline{\rho_{i-1}}\,\overline{v_{i-1}}\,f(\overline{\rho_{i-1}}) - \overline{\rho_i}\,\overline{v_i}\,f(\overline{\rho_i}))b_i = -k_i(\overline{\rho_i} - \overline{\rho^{cr}}), & i\geq 2 \end{cases} \tag{8-29}$$

根据本书第2章分析，车站工作人员对于通道客流控制主要有两种措施，一种为限流措施，另一种为控制乘客速度，一般通过设置障碍限制客流流入量或者通过广播提示乘客调整走行速度。这两种措施在旅游景点等大量人群聚集的地方也较为常见，因此控制变量为 $\overline{q_0}$ 和 $\overline{v_i}$，显然：$0 \leq \overline{q_0} \leq \overline{q_m}, 0 \leq \overline{v_i} \leq \overline{v_m^f}$。

在控制下，通道的性能指标为通道客流量。在乘客密度在向临界密度收敛过程中，要求通道总乘客瞬时流入量最大。采用乘客标准流入量表示即：

$$\max \overline{q} = \overline{q_0} \tag{8-30}$$

定理1：通道的乘客流入量最大化等价于流出量最大化。

证明如下：乘客总标准流出量 $\overline{O}$ 为左向和右向乘客标准流出量的和，即：

$$\overline{O} = \overline{\rho_n}\,\overline{v_n}\,f(\overline{\rho_n}) \tag{8-31}$$

将分通道的单向客流状态方程（8-16）累计相加，可以得出：

$$\overline{O} = \overline{q} + \sum_{i=1}^{n} -\frac{k_i}{b_i}(\overline{\rho_i} - \overline{\rho^{cr}}) \tag{8-32}$$

令 $C = \sum_{i=1}^{n} -\frac{k_i}{b_i}(\overline{\rho_i} - \overline{\rho^{cr}})$，$C$ 为不依赖于控制变量 $\overline{q_0}$ 和 $\overline{v_i}$ 的常数，所以，最大化乘客流入量 $\overline{q}$ 等同于最大化乘客流出量 $\overline{O}$，证毕。因此，以通道客流入量最大化为目标是合理的。

综上，采用乘客标准流入量，可以建立以下线性规划模型：

$$\max \overline{q} = \overline{q_0}$$
$$s.t \begin{cases} (\overline{q_0} - \overline{\rho_1}\,\overline{v_1}\,f(\overline{\rho_1}))b_1 = -k_1(\overline{\rho_1} - \overline{\rho^{cr}}), & i=1 \\ (\overline{\rho_{i-1}}\,\overline{v_{i-1}}\,f(\overline{\rho_{i-1}}) - \overline{\rho_i}\,\overline{v_i}\,f(\overline{\rho_i}))b_i = -k_i(\overline{\rho_i} - \overline{\rho^{cr}}), & i\geq 2 \\ 0 \leq \overline{q_0} \leq \overline{q_m}, \quad (4.33.3) \\ 0 \leq \overline{v_i} \leq \overline{v_m^f}, \quad (4.33.4) \end{cases} \tag{8-33}$$

在控制过程中，需要在每个时刻求出线性规划（8-33）的最优解，此最优解为控制过程中在时间 t 的输入，上述模型称为线性反馈控制模型。

8.2.2　动态增益控制策略

k_i 的取值过大可能会使得线性规划（8-33）无法求出满足变量范围约束（8-33）的可行解。在取值过大时，可以求出非可行解 $\overline{q_0}$ 和 $\overline{v_i}$，可以找到一个参数 $\omega > 0$ 使得 $\overline{q_0}/\omega$ 和 $\overline{v_i}/\omega$ 满足变量范围约束。根据模型（8-33）的线性特点，k_i 相应调整为 k_i/ω，即可满足所有约束条件。

由式（8-27）可知，控制增益 k_i 越大，通道内乘客密度收敛越快，因此，在每次求解线性规划（8-33）时，取得规划有解的最大 k_i 值成为最优控制策略。根据以上关于线性规划（8-33）的增益取值分析，可设最大控制增益为 K_m。

令 $k_i=K_m$，此时线性规划（8-33）的解为 $\overline{q_{0m}}$ 和 $\overline{v_{im}}$，令 ω 为解 $\overline{q_{0m}}$ 和 $\overline{v_{im}}$ 与变量上界 $\overline{q_m}$ 和 $\overline{v_m^r}$ 的比值的最大值，即 $\omega=\max(\overline{q_{0m}}/q_0,\overline{v_{im}}/\overline{v_i})$，若 $\omega\leq1$，则 $k_i=K_m$，否则 $k_i=K_m/(\omega+\varepsilon)$，其中 $\varepsilon>0$ 为一趋近于0的数值。将控制增益为定值时的控制策略称为静态增益控制策略（SK），将控制增益动态变化时的控制策略称为动态增益控制策略（DK）。

8.2.3　双向通道客流控制模型

双向通道客流控制模型与单向通道类似，但由于通道内存在两个方向的行人流，因此控制目标与单向通道不同。根据双向行人流基本图，两个方向客流比例差距越大，通道客流量也越大，当只允许单向乘客移动时，通道客流量最大。但是从乘客角度分析，这种偏向控制并不能同时满足两个方向乘客的移动需求，而且会造成单方向大量乘客的拥挤排队，也会造成一个方向乘客速度高于另一方向乘客速度的不公平现象。在实际的双向客流控制中，既要达到管理者的控制目的即通道流量最大，又要满足乘客需求即行走空间的用户平衡分配。根据8.1.2节中双向通道在无控制下的乘客移动条件（3），假设通道两端的乘客需求量相等且均超过最大允许流入量。根据用户平衡条件，右向和左向乘客密度的控制目标应相等，相对于偏向控制，这种控制称为均衡控制。根据上述均衡控制的含义和基本图公式（8-7），易求得使通道流量最大的标准临界密度为：

$$\overline{\rho^{tl}}=\overline{\rho^{tr}}=\begin{cases}\dfrac{1+\alpha-\sqrt{\alpha^2-\alpha+1}}{6\alpha}, & 0<\alpha\leq1\\0.25, & \alpha=0\end{cases} \quad（8-34）$$

为使得左向和右向乘客标准密度 $\overline{\rho_i^l}$ 和 $\overline{\rho_i^r}$ 分别指数收敛于临界密度 $\overline{\rho^{tl}},\overline{\rho^{tr}}$，可以令：

$$\begin{cases}\overline{\rho_i^r}=e^{-k_i^r t+C_i^r}+\overline{\rho^{tr}}\\\overline{\rho_i^l}=e^{-k_i^l t+C_i^l}+\overline{\rho^{tl}}\end{cases} \quad（8-35）$$

其中 k_i^r 和 k_i^l 为控制增益，且 $k_i^r>0,k_i^l>0$，C_i^r,C_i^l 为常数。

根据式（8-35）可得，乘客密度关于时间 t 的导数可表示为：

$$\begin{cases}\dot{\overline{\rho_i^r}}=-k_i^r(\overline{\rho_i^r}-\overline{\rho^{tr}})\\\dot{\overline{\rho_i^l}}=-k_i^l(\overline{\rho_i^l}-\overline{\rho^{tl}})\end{cases} \quad（8-36）$$

将式（8-36）与式（8-24）、式（8-25）联立得：

$$b_1(\overline{q_0^{\mathrm{r}}} - \overline{\rho_1^{\mathrm{r}}} \overline{v_1^{\mathrm{r}}} f(\overline{\rho_1}, \overline{\rho_1})) = -k_1^{\mathrm{r}}(\overline{\rho_1^{\mathrm{r}}} - \overline{\rho^{\mathrm{tr}}})$$
$$b_i(\overline{\rho_{i-1}^{\mathrm{r}}} \overline{v_{i-1}^{\mathrm{r}}} f(\overline{\rho_{i-1}}, \overline{\rho_{i-1}}) - \overline{\rho_i^{\mathrm{r}}} \overline{v_i^{\mathrm{r}}} f(\overline{\rho_i}, \overline{\rho_i})) = -k_i^{\mathrm{r}}(\overline{\rho_i^{\mathrm{r}}} - \overline{\rho^{\mathrm{tr}}})$$
$$b_n(\overline{q_0^{\mathrm{l}}} - \overline{\rho_n^{\mathrm{l}}} \overline{v_n^{\mathrm{l}}} f(\overline{\rho_n}, \overline{\rho_n})) = -k_n^{\mathrm{l}}(\overline{\rho_n^{\mathrm{l}}} - \overline{\rho^{\mathrm{tl}}})$$
$$b_i(\overline{\rho_{i+1}^{\mathrm{l}}} \overline{v_{i+1}^{\mathrm{l}}} f(\overline{\rho_{i+1}}, \overline{\rho_{i+1}}) - \overline{\rho_i^{\mathrm{l}}} \overline{v_i^{\mathrm{l}}} f(\overline{\rho_i}, \overline{\rho_i})) = -k_i^{\mathrm{l}}(\overline{\rho_i^{\mathrm{l}}} - \overline{\rho^{\mathrm{tl}}})$$

（8-37）

因此，本模型的控制变量为左向乘客标准流入量$\overline{q_0^{\mathrm{l}}}$和右向乘客标准流入量$\overline{q_0^{\mathrm{r}}}$以及分通道的乘客标准速度$\overline{v_i^{\mathrm{l}}}$和$\overline{v_i^{\mathrm{r}}}$。控制域为以上控制变量的变化范围，一方面，乘客的速度不能大于最大速度$v_{\mathrm{m}}^{\mathrm{f}}$，也不能小于0，因此：

$$0 \leqslant \overline{v_i^{\mathrm{l}}} \leqslant \overline{v_{\mathrm{m}}^{\mathrm{f}}} = v_{\mathrm{m}}^{\mathrm{f}} / L$$
$$0 \leqslant \overline{v_i^{\mathrm{r}}} \leqslant \overline{v_{\mathrm{m}}^{\mathrm{f}}} = v_{\mathrm{m}}^{\mathrm{f}} / L$$

（8-38）

另一方面，乘客流入量不能大于当前最大允许流入量，也不能小于0，根据式（8-8）可知：

$$0 \leqslant \overline{q_0^{\mathrm{l}}} \leqslant \overline{q_{\mathrm{m}}^{\mathrm{l}}}$$
$$0 \leqslant \overline{q_0^{\mathrm{r}}} \leqslant \overline{q_{\mathrm{m}}^{\mathrm{r}}}$$

（8-39）

在均衡控制下，双向通道的性能指标为通道总客流量。在乘客密度在向临界密度收敛过程中，要求通道总乘客瞬时流入量最大。采用标准客流入量表示即：

$$\max \overline{q} = \overline{q_0^{\mathrm{r}}} + \overline{q_0^{\mathrm{l}}}$$

（8-40）

定理2：双向通道的乘客流入量最大化等价于流出量最大化。

证明如下：乘客标准流出总量$\overline{O}$为左向和右向乘客标准流出量的和，即：

$$\overline{O} = \overline{\rho_n^{\mathrm{r}}} \overline{v_n^{\mathrm{r}}} f(\overline{\rho_n}, \overline{\rho_n^{\mathrm{l}}}) + \overline{\rho_1^{\mathrm{l}}} \overline{v_1^{\mathrm{l}}} f(\overline{\rho_1}, \overline{\rho_1^{\mathrm{r}}})$$

（8-41）

将分通道的双向客流状态方程（8-37）累计相加，可以得出：

$$\overline{O} = \overline{q} + \sum_{i=1}^{n} -\frac{k_i^{\mathrm{r}}}{b_i}(\overline{\rho_i^{\mathrm{r}}} - \overline{\rho^{\mathrm{tr}}}) + \sum_{i=1}^{n} -\frac{k_i^{\mathrm{l}}}{b_i}(\overline{\rho_i^{\mathrm{l}}} - \overline{\rho^{\mathrm{tr}}})$$

（8-42）

令$C = \sum_{i=1}^{n} -\frac{k_i^{\mathrm{r}}}{b_i}(\overline{\rho_i^{\mathrm{r}}} - \overline{\rho^{\mathrm{tr}}}) + \sum_{i=1}^{n} -\frac{k_i^{\mathrm{l}}}{b_i}(\overline{\rho_i^{\mathrm{l}}} - \overline{\rho^{\mathrm{tr}}})$，$C$为不依赖于控制变量$\overline{q_0^{\mathrm{l}}}$、$\overline{q_0^{\mathrm{r}}}$、$\overline{v_i^{\mathrm{l}}}$、$\overline{v_i^{\mathrm{r}}}$的常数，所以，乘客最大化流入量$\overline{q}$等同于乘客最大化流出量$\overline{O}$，证毕。因此，以通道乘客流入量最大化为目标对于双向通道客流控制也是合理的。

综上，采用乘客标准流入量，可以建立以下线性规划模型：

$$\max \overline{q} = \overline{q_0^{\mathrm{r}}} + \overline{q_0^{\mathrm{l}}}$$

$$s.t\begin{cases} b_1(\overline{q_0^{\mathrm{r}}} - \overline{\rho_1^{\mathrm{r}}} \overline{v_1^{\mathrm{r}}} f(\overline{\rho_1}, \overline{\rho_1^{\mathrm{l}}})) = -k_1^{\mathrm{r}}(\overline{\rho_1^{\mathrm{r}}} - \overline{\rho^{\mathrm{tr}}}) \\ b_i(\overline{\rho_{i-1}^{\mathrm{r}}} \overline{v_{i-1}^{\mathrm{r}}} f(\overline{\rho_{i-1}}, \overline{\rho_{i-1}^{\mathrm{l}}}) - \overline{\rho_i^{\mathrm{r}}} \overline{v_i^{\mathrm{r}}} f(\overline{\rho_i}, \overline{\rho_i^{\mathrm{l}}})) = -k_i^{\mathrm{r}}(\overline{\rho_i^{\mathrm{r}}} - \overline{\rho^{\mathrm{tr}}}) \\ b_n(\overline{q_0^{\mathrm{l}}} - \overline{\rho_n^{\mathrm{l}}} \overline{v_n^{\mathrm{l}}} f(\overline{\rho_n}, \overline{\rho_n^{\mathrm{r}}})) = -k_n^{\mathrm{l}}(\overline{\rho_n^{\mathrm{l}}} - \overline{\rho^{\mathrm{tl}}}) \\ b_i(\overline{\rho_{i+1}^{\mathrm{l}}} \overline{v_{i+1}^{\mathrm{l}}} f(\overline{\rho_{i+1}}, \overline{\rho_{i+1}^{\mathrm{r}}}) - \overline{\rho_i^{\mathrm{l}}} \overline{v_i^{\mathrm{l}}} f(\overline{\rho_i}, \overline{\rho_i^{\mathrm{r}}})) = -k_i^{\mathrm{l}}(\overline{\rho_i^{\mathrm{l}}} - \overline{\rho^{\mathrm{tl}}}) \\ 0 \le \overline{v_i^{\mathrm{l}}} \le \overline{v_{\mathrm{m}}^{\mathrm{f}}} \\ 0 \le \overline{v_i^{\mathrm{r}}} \le \overline{v_{\mathrm{m}}^{\mathrm{f}}} \\ 0 \le \overline{q_0^{\mathrm{l}}} \le \overline{q_{\mathrm{m}}^{\mathrm{l}}} \\ 0 \le \overline{q_0^{\mathrm{r}}} \le \overline{q_{\mathrm{m}}^{\mathrm{r}}} \end{cases} \quad （8\text{--}43）$$

与单向通道客流控制模型相同，在控制过程中，需要在每个时刻求出线性规划（8–43）的最优解，此最优解为控制过程中在时间t的输入：瞬时标准流入量$\overline{q_0^{\mathrm{r}}}$、$\overline{q_0^{\mathrm{l}}}$和标准速度$\overline{v_i^{\mathrm{r}}}$、$\overline{v_i^{\mathrm{l}}}$。上述模型称为均衡反馈控制模型。$k_i^{\mathrm{r}}$、$k_i^{\mathrm{l}}$的取值过大可能会使得线性规划模型（8–43）无法求出满足约束式（8–38）和式（8–39）的可行解。在取值过大时，可以求出满足式（8–37）的非可行解$\overline{q_0^{\mathrm{r}}}$、$\overline{q_0^{\mathrm{l}}}$和$\overline{v_i^{\mathrm{r}}}$、$\overline{v_i^{\mathrm{l}}}$，可以找到一个参数$\omega > 0$使得$\overline{q_0^{\mathrm{r}}} / \omega$，$\overline{q_0^{\mathrm{l}}} / \omega$和$\overline{v_i^{\mathrm{r}}} / \omega$，$\overline{v_i^{\mathrm{l}}} / \omega$满足约束式（8–38）和式（8–39）。根据模型（8–43）的线性特点，k_i^{r}、k_i^{l}相应调整为$k_i^{\mathrm{r}} / \omega$、$k_i^{\mathrm{r}} / \omega$，即可满足所有约束条件。因此，动态增益调整策略也适用于双向通道客流的最优控制。

8.3　数值仿真分析

8.3.1　模型参数

1. 单向通道参数

根据以往对多个北京地铁站行人流密度和速度关系的研究，单向通道行人流基本图如图8–3所示，其中纵坐标为走行速度，横坐标为行人密度，拟合效果较好（$R^2 = 0.894$）。因此，可令单向行人流基本图为：

$$v = 1.299(1 - \rho / 3.272) \quad （8\text{--}44）$$

那么，行人最大走行速度$v_{\mathrm{m}}^{\mathrm{f}} = 1.299\mathrm{m/s}$，阻塞密度$\rho_{\mathrm{m}} = 3.272$人$/\mathrm{m}^2$，上式经变量标准化后变为：

$$\overline{v} = \overline{v_{\mathrm{m}}^{\mathrm{f}}}(1 - \overline{\rho}) \quad （8\text{--}45）$$

那么标准客流量：

$$\overline{q} = \overline{\rho} \overline{v} = \overline{\rho} \overline{v_{\mathrm{m}}^{\mathrm{f}}}(1 - \overline{\rho}) \quad （8\text{--}46）$$

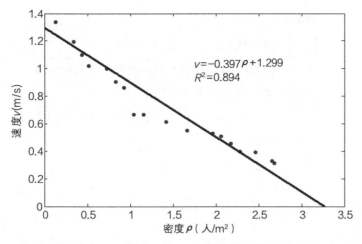

图8-3　地铁站单向行人流基本图拟合结果

根据变量标准化过程，$0 \leqslant \overline{v_i} \leqslant \overline{v_m^f} = 0.026s^{-1}$。根据式（8-46），绘制单向通道标准客流密度和流量关系图，如图8-4所示。当客流密度为最大客流密度的一半时，即 $\overline{\rho} = 0.5$ 时，标准客流量 $\overline{q}$ 最大。因此，目标密度为 $\overline{\rho^{cr}} = 0.5$，实际目标客流密度为 1.636 人/m²，为阻塞密度的一半。

车站一单向通道长 $L=50m$，将通道分为5个同等长度的分通道，见图8-5，每个通道长度为 $L_i=10m, i=1,2,3…5$，那么 $b_i=15, i=1,2,3…5$。通道初始标准客流密度为：$\overline{\rho_1}=0.2, \overline{\rho_2}=0.3, \overline{\rho_3}=0.4, \overline{\rho_4}=0.7, \overline{\rho_5}=0.8$。为使得控制方程在全部时间内有解，SK控制策略下令控制增益 $k_i=0.004$。模型运行平台为Windows XP操作系统，CPU 2.93GHz，采用Matlab软件实现模型，其中线性规划模型直接使用Matlab自带函数Linprog函数求解，模型运行200时间步，每步表示实际时间1s。

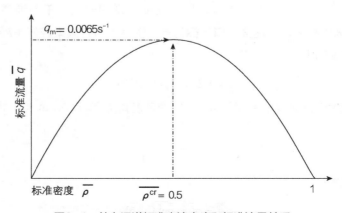

图8-4　单向通道标准客流密度和标准流量关系

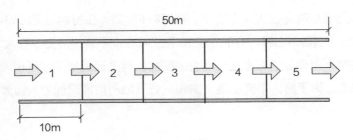

图8-5　50m单向通道

2. 双向通道参数

车站一双向通道长L=50m，将通道分为5个同等长度的分通道，见图8-6，每个通道长度为L_i=10m,i=1,2,3…5，那么b_i=15,i=1,2,3…5。通道初始乘客密度为：

$$\overline{\rho_1^l} = \overline{\rho_1^r} = 0.34, \overline{\rho_2^l} = \overline{\rho_2^r} = 0.29, \overline{\rho_3^l} = \overline{\rho_3^r} = 0.13, \overline{\rho_4^l} = \overline{\rho_4^r} = 0.4, \overline{\rho_5^l} = \overline{\rho_5^r} = 0.014。$$

根据上述单向行人流基本图，双向行人流基本图采用式（8-7）表达形式，假设双向通道客流冲突强度α=0.5。

与单向行人流基本图相同，乘客最大速度$v_m^f = 1.299\text{m/s}$，那么：$0 \leq \overline{v_i^l} \leq 0.026\text{s}^{-1}$；$0 \leq \overline{v_i^r} \leq 0.026\text{s}^{-1}$。SK控制策略下令$k_i^l = k_i^r = 0.007$，控制模型存在可行解。模型运行平台为与单向通道客流控制模型相同，模型运行400时间步。

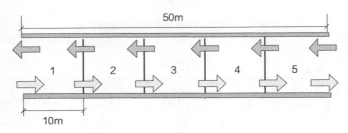

图8-6　50m双向通道

8.3.2　控制结果

1. 单向通道客流控制

（1）无控制单向通道客流

图8-7、图8-8和图8-9为无控制下单向通道标准客流密度、流量和走行速度的状态变化。据图8-7可知，单向通道的阻塞顺序为5-4-3-2-1。首先，分通道5客流密度ρ_5迅速增加至堵塞密度ρ_m，由于分通道5无法容纳更多乘客，分通道4也随之发生堵塞，进而分通道3、2、1也发生客流堵塞现象。

图8-8为单向通道标准客流流入量变化，据图8-8可知，在初始时间0~93s内，乘客总是以最大流量进入通道，但在93s之后，由于分通道1发生堵塞而不能接纳更多行人，客流量变为0。

图8-9为无控制下单向通道标准走行速度的变化。与分通道堵塞顺序相同，乘客走行速度依次降低至0。综上，为了防止单向通道堵塞和更有效地利用通道能力，需要对单向通道客流施加控制措施。

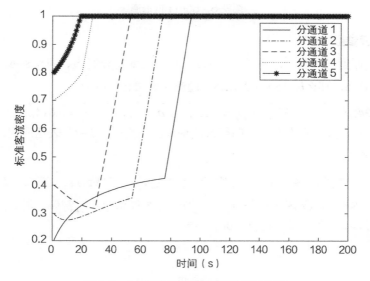

图8-7　无控制下单向通道标准客流密度

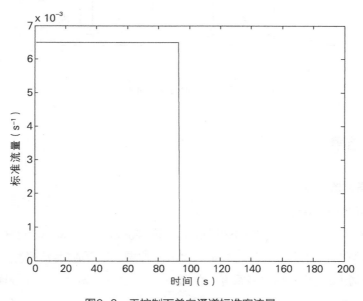

图8-8　无控制下单向通道标准客流量

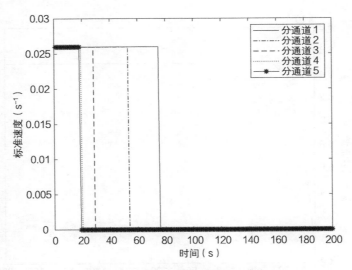

图8-9　无控制下单向通道标准速度

（2）SK控制下单向通道客流

模型建立。根据图8-10、图8-11和图8-12为静态增益控制下单向通道客流状态的变化。根据图8-10可知，所有分通道客流密度均收敛于目标密度$\overline{\rho^{cr}}=0.5$，避免通道客流的群拥堵塞。

图8-11和图8-12为通道标准客流量和乘客标准走行速度在SK控制下变化情况，为了防止通道客流群拥堵塞的发生，需要在初始阶段限制单位时间内进入通道的乘客数量和通道内乘客的走行速度。随着通道客流密度逐渐收敛于目标密度，通道客流量和走行速度也逐渐收敛于最大标准流量$\overline{q_m}=0.0065s^{-1}$和最大标准走行速度$\overline{v_m^f}=0.026s^{-1}$。

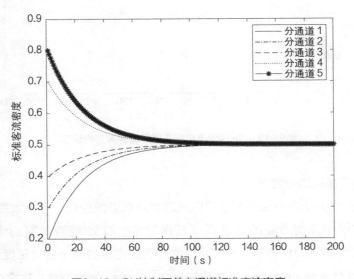

图8-10　SK控制下单向通道标准客流密度

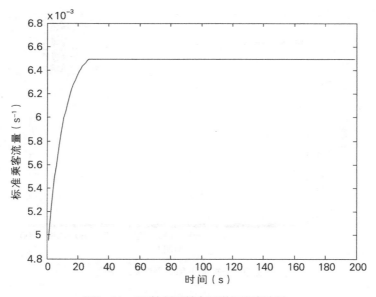

图8-11　SK控制下单向通道标准客流量

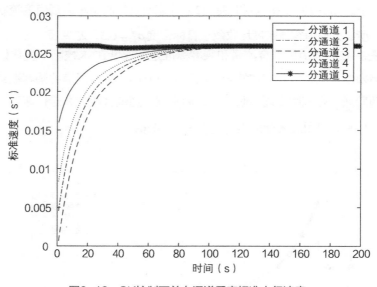

图8-12　SK控制下单向通道乘客标准走行速度

（3）DK控制下单向通道客流

图8-14 ~ 图8-16为动态增益控制下单向通道客流状态的变化。令最大控制增益k_m=0.2，图8-13为控制过程中控制增益的动态调整过程，控制增益k随着时间而增加至最大增益k_m=0.2。根据式（8-27），DK控制下客流密度收敛速度比SK控制下收敛速度更快。由图8-14可知，所有分通道客流密度均快速收敛于目标密度$\overline{\rho^{cr}} = 0.5$，避免通道客流产生群拥堵塞。

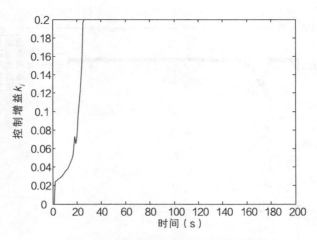

图8-13 DK控制下增益动态调整过程

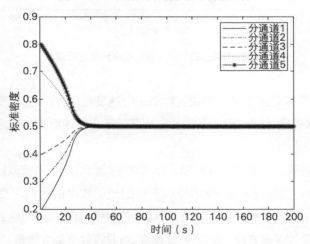

图8-14 DK控制下单向通道标准客流密度变化

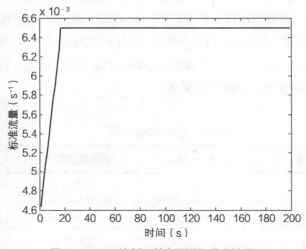

图8-15 DK控制下单向通道标准客流量

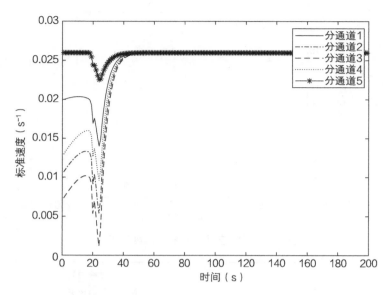

图8-16　DK控制下单向通道乘客标准走行速度

　　图8-15和图8-16为单向通道客流量和乘客标准走行速度在DK控制下的变化情况。据图可知，相比于SK控制，DK控制下通道标准客流量和乘客标准走行速度更加迅速地向最大标准客流量和最大标准走行速度收敛。

　　控制效率是体现控制策略优劣的关键指标，在本章中控制时间或者收敛时间可以直接体现SK和DK控制策略的效率。表8-2为SK和DK控制策略的控制效率的比较。在客流密度收敛时间方面，SK控制模型在130s时收敛至目标密度，而DK控制模型在56s时即达到收敛，控制效率提升56.92%。在客流量收敛时间方面，SK控制模型在24s时收敛至最大流量，而DK控制模型在17s时即达到收敛，控制效率提升29.17%。在乘客走行速度收敛时间方面，SK控制模型在155s时收敛至最大走行速度，而DK控制模型在52s时即达到收敛，控制效率提升66.45%。在计算时间方面，虽然DK控制模型需要搜索最优控制增益，但由于DK控制模型较早收敛，其计算时间仅为0.432s，比SK控制模型减少0.758s，计算效率增幅63.7%。总体来说，在单向通道客流控制中，DK控制策略整体控制效率高于SK控制策略。

SK和DK控制效率比较 表8-2

控制策略	计算时间	密度收敛时间	客流量收敛时间	速度收敛时间
SK	1.19s	130s	24s	155s
DK	0.432s	56s	17s	52s
控制效率	63.7%	56.92%	29.17%	66.45%

2. 无匝双向通道客流控制

图8-17和图8-18为乘客密度在无控制与均衡控制下的变化情况。如图8-19所示，无控制下所有分通道乘客标准密度均增加到1，产生通道死锁堵塞，即 $\lim\limits_{t\to\infty}\rho_i=\rho_{\mathrm{m}}$（其中$t$为时间），分通道的死锁堵塞顺序为4-5-3-2-1。

如图8-17和图8-18所示，分通道1、2和3全部为右向乘客，而分通道4双向乘客各占一半，分通道5左向乘客堵塞居多，右向乘客堵塞较少。在均衡控制策略下，所有分通道标准客流密度均收敛到0.4226，即：$\lim\limits_{t\to\infty}\rho_i=0.4226\rho_{\mathrm{m}}$。由于左向和右向乘客临界密度相等，$\lim\limits_{t\to\infty}\rho_i^{\mathrm{l}}=\lim\limits_{t\to\infty}\rho_i^{\mathrm{r}}=0.2113\rho_{\mathrm{m}}$。因此，均衡控制模型有效避免了双向通道客流的死锁堵塞。

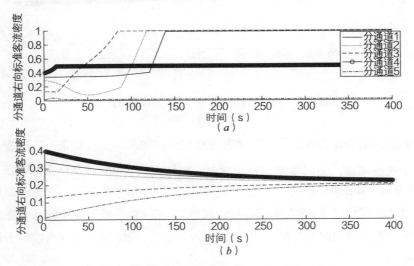

图8-17　无控制和均衡控制下右向标准客流密度 $\overline{\rho_i^{\mathrm{r}}}$ 比较
（a）无控制；（b）均衡控制

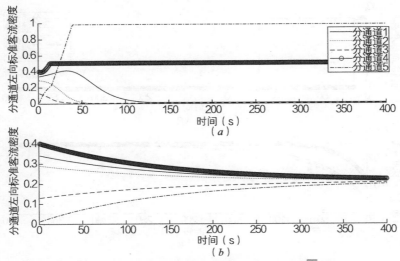

图8-18　无控制和均衡控制下左向标准客流密度 $\overline{\rho_i^{\mathrm{l}}}$ 比较
（a）无控制；（b）均衡控制

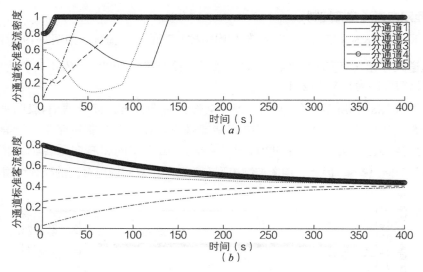

图8-19　无控制和均衡控制下客流标准密度$\overline{\rho}_i$比较
（a）无控制；（b）均衡控制

　　图8-20和图8-21分别为左向和右向乘客速度在无控制和均衡控制策略下的变化情况。无控制下，由于通道堵塞，全部乘客均停止移动，即$\lim\limits_{t\to\infty}v_i^r=0,\lim\limits_{t\to\infty}v_i^l=0,i=1,2,3,4,5$。其中由于分通道4较早堵塞（如图8-19所示），其右向（如图8-20所示）和左向（如图8-21所示）乘客停止移动，同时造成分通道3的右向乘客和分通道5的左向乘客较早停止移动。在均衡控制策略下，虽然初始时间段内的乘客最大速度受到控制约束，最终乘客速度均收敛于最大速度，$\lim\limits_{t\to\infty}v_i^r=v_m^f,\lim\limits_{t\to\infty}v_i^l=v_m^f$。

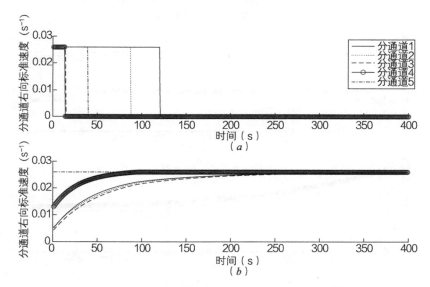

图8-20　无控制和均衡控制下右向乘客标准速度$\overline{v_i^r}$
（a）无控制；（b）均衡控制

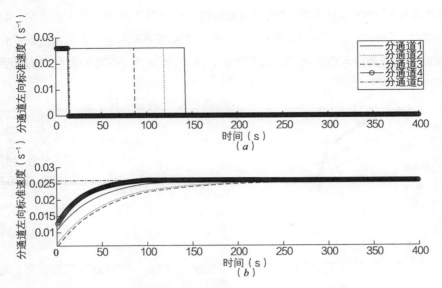

图8-21 无控制和均衡控制下左向乘客标准速度$\overline{v_i^1}$

（a）无控制；（b）均衡控制

图8-22为无控制和均衡控制下的流量变化。无控制下，由于通道堵塞，右向客流和左向客流的标准流入量均收敛于0，即$\lim\limits_{t\to\infty}\overline{q_0^r}=0,\lim\limits_{t\to\infty}\overline{q_0^1}=0$，其中左向客流量较早收敛于0；在均衡控制策略下，乘客标准流量呈现上升趋势，并最终稳定，其中$\lim\limits_{t\to\infty}\overline{q_0^r}=0.0025,\lim\limits_{t\to\infty}\overline{q_0^1}=0.0025$，总流量$\lim\limits_{t\to\infty}\overline{q}=0.005$。控制结果说明均衡控制策略有效提高了通道客流量。

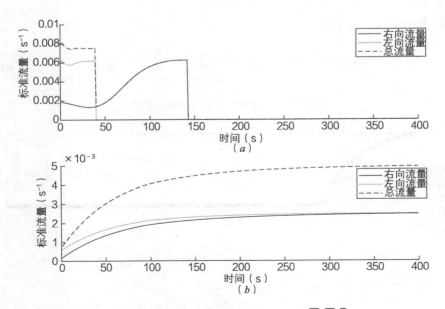

图8-22 无控制和均衡控制下标准客流量$\overline{q_0^r}$、$\overline{q_0^1}$、$\overline{q}$

（a）无控制；（b）均衡控制

上述均衡控制为SK控制策略，DK控制策略也同样适用于双向通道客流控制，与单向通道客流控制相同，令k_m=0.2。图8-23~图8-25为DK控制策略下双向通道客流密度的变化。通过与SK控制策略下双向通道客流密度收敛速度相比，DK控制策略下客流密度收敛时间更短，实现客流快速有效的控制。

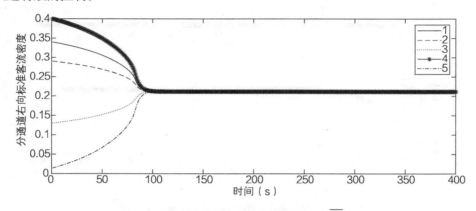

图8-23　DK控制下右向标准客流密度$\overline{\rho}_i^r$

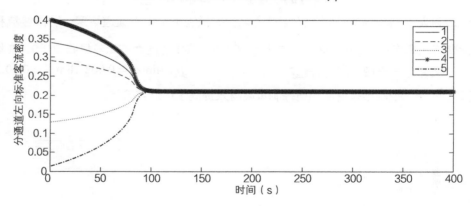

图8-24　DK控制下左向标准客流密度$\overline{\rho}_i^l$

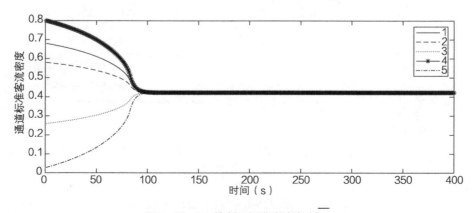

图8-25　DK控制下标准客流密度$\overline{\rho}_i$

　　上述为半干扰情形下的双向客流控制策略数值仿真结果说明本章提出的均衡控制模型可以有效避免通道乘客拥堵，提高乘客走行速度，满足乘客需求的同时提高了通道通过能力和服务水平。

3. 有匝双向通道客流控制

　　上述双向通道为无匝双向通道（即通道中间无分岔口）的客流控制分析，本章所建立的模型同样适用于有匝双向通道的客流控制，本节案例所研究的有匝双向通道如图8-26所示。通道上下两侧各有4个供乘客进入的交叉口。

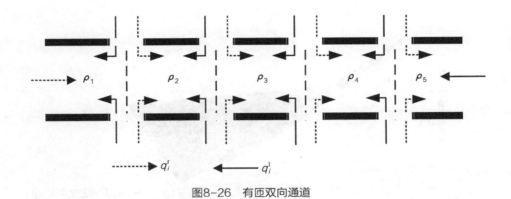

图8-26　有匝双向通道

本节采用的基本图公式的形式为：

$$v^r = v_m^f (1 - \rho / \rho_m)(1 - 2\alpha\rho^l / \rho_m)$$
$$v^l = v_m^f (1 - \rho / \rho_m)(1 - 2\alpha\rho^r / \rho_m)$$

（8-47）

　　采用实验行人流轨迹数据进行行人流基本图的标定，数据来自德国Institute for Advanced Simulation的城市安全研究中心，数据采集自如图8-27所示的双向通道，通道长8m，宽3.6m，行人轨迹数据采集软件为PeTrack。

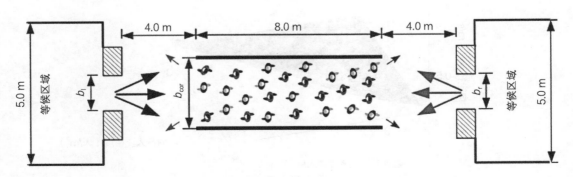

图8-27　行人流数据采集

左向和右向行人流基本图标定结果如图8-28和图8-29所示，模型的拟合优度指标R^2为0.9975。因此，本章所提出的基本图拟合效果较好。实验标定所得的双向行人流基本图为：

$$v^r = v^f_m(1-0.228\rho)(1-0.608\times0.228\rho^l)$$
$$v^l = v^f_m(1-0.228\rho)(1-0.608\times0.228\rho^r)$$

（8-48）

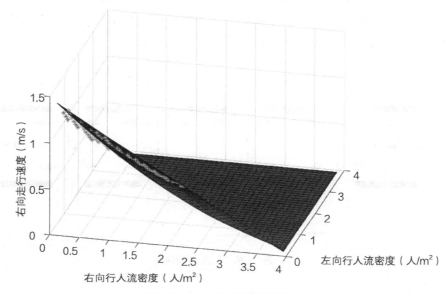

图8-28　左向行人流基本图标定

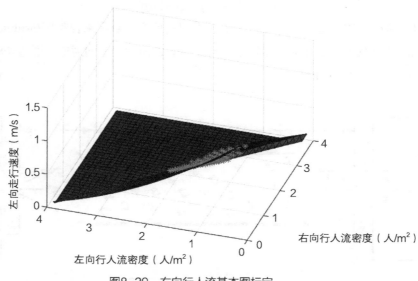

图8-29　右向行人流基本图标定

图8-30为有匝双向通道客流密度在无控制与均衡控制下的变化情况。如图8-19所示，无控制下所有分通道乘客标准密度均增加到1，产生通道死锁堵塞，即$\lim_{t\to\infty}\rho_i=\rho_m$，分通道的死锁堵塞顺序为4-1-2-3-5。

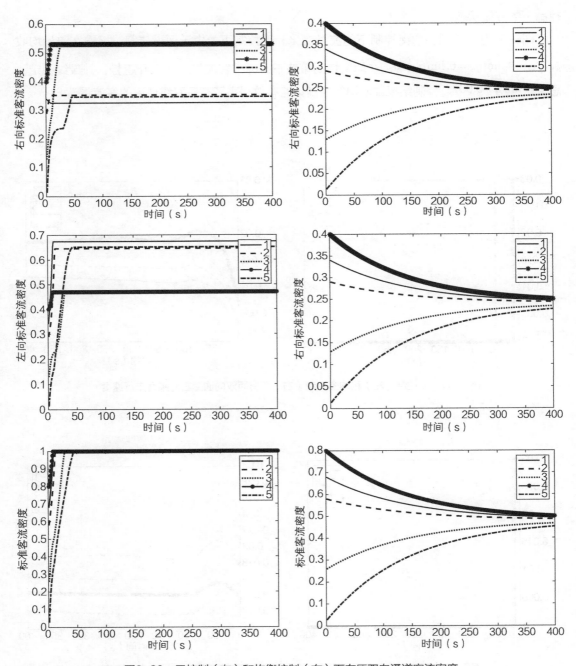

图8-30 无控制（左）和均衡控制（右）下有匝双向通道客流密度

123

图8-31和图8-32分别为右向和左向乘客走行速度在无控制和均衡控制策略下的变化情况。无控制下，由于通道堵塞，全部乘客均停止移动，即 $\lim\limits_{t\to\infty}v_i^r = 0, \lim\limits_{t\to\infty}v_i^l = 0, i=1,2,3,4,5$。在均衡控制策略下，初始时间段内的乘客最大速度受到控制约束，与无匝双向通道客流控制不同，除通道5外的其他通道的最终乘客速度未收敛于最大速度，但乘客均可移动，仍然优于无控制下的客流状态。

图8-33为无控制和均衡控制下的流量变化。无控制下，由于通道堵塞，标准客流量均收敛于0，即 $\lim\limits_{t\to\infty}\overline{q_0^r} = 0, \lim\limits_{t\to\infty}\overline{q_0^l} = 0$；在均衡控制策略下，标准客流量呈现上升趋势，并最终稳定，总流量 $\lim\limits_{t\to\infty}q = 0.007$。控制结果说明均衡控制策略有效提高了有匝双线通道的客流量。

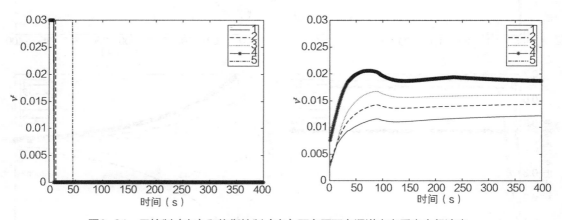

图8-31 无控制（左）和均衡控制（右）下有匝双向通道右向乘客走行速度

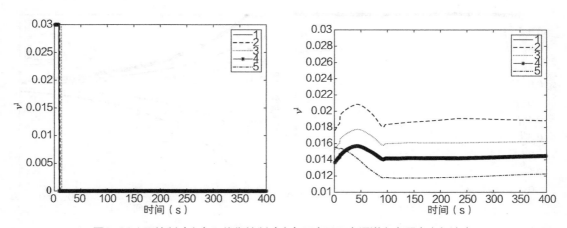

图8-32 无控制（左）和均衡控制（右）下有匝双向通道左向乘客走行速度

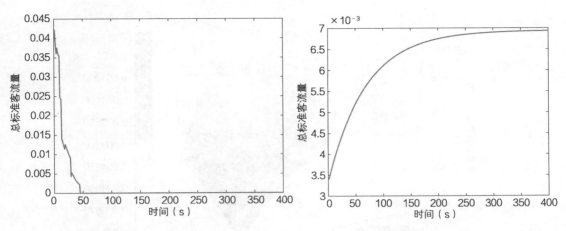

图8-33　无控制（左）和控制（右）下有匦双向通道总标准客流量

4. 双向通道客流冲突强度影响分析

临界密度是本模型的控制目标，根据式（8-34），标准临界密度$\overline{\rho^{u}}$、$\overline{\rho^{v}}$与冲突强度α之间存在数量关系。双向客流的冲突强度主要受客流自组织程度的影响，而客流自组织程度具有一定不确定性，因此，客流冲突强度α也呈现一定随机性。图8-34为不同干扰系数下标准临界密度的变化，随着冲突强度的增加，标准临界密度随之减少，而且标准临界密度与干扰系数呈近似线性递减关系。图8-35比较了不同干扰系数取值对均衡控制过程中通道性能瞬时标准行人流入量$\overline{q}$的影响。据此可知，冲突强度是影响控制效果的重要因素，随着冲突强度的减小，均衡控制下的瞬时行人总流量越来越大，控制效果越来越好。这从理论角度说明了通过在双向通道设置隔离栏或者劝导乘客靠右行走，避免不同方向行人流之间干扰的控制策略具有一定科学和实践意义。

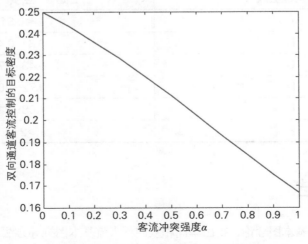

图8-34　冲突强度α与控制目标$\overline{\rho^{u}}$、$\overline{\rho^{v}}$关系

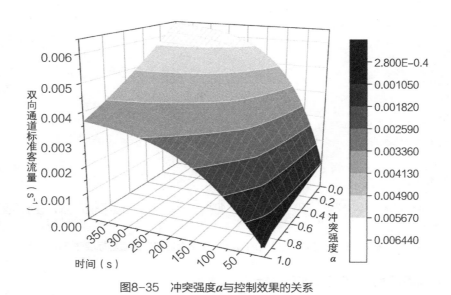

图8-35　冲突强度α与控制效果的关系

5. 通道服务水平

通道服务水平体现了乘客对通道内走行舒适感的满意程度，主要由通道客流密度决定，表8-3为水平通道的服务水平分级标准。根据控制前后无匝通道客流密度值，控制前单向和双向通道客流密度为3.272人/m²，服务水平为F级，而控制后单向和双向通道客流密度分别为1.636人/m²和1.3827人/m²，服务水平均提高至E级。因此，通道客流控制不仅解决了通道堵塞问题，同时也改善了通道的服务水平。

通道服务水平分级　　　　　　　　　　　　　　　　　　表8-3

服务水平分级	通道客流密度（人/m²）
A	≤0.31
B	0.31~0.43
C	0.43~0.72
D	0.72~1.08
E	1.08~2.15
F	>2.15

8.4　本章小结

本章基于行人流基本图理论，提出单向和双向行人流基本图推导方法。率先采用状态空间方程形式描述了通道客流演变的系统动力学过程，并且能够再现通道客流锁死、堵塞等现象。

本章基于基本图理论提出单向通道客流状态控制目标为使得客流量最大的临界密度，基于用户均衡理论和系统最优原则，提出双向通道客流均衡控制目标，率先提出了面向客流智能控制的单向通道客流线性反馈控制模型和双向通道客流均衡反馈控制模型。通过数值分析证明该模型所得控制策略可以有效避免乘客拥堵，提高了通道的服务能力。

　　此外，本章所提出模型的求解计算速度较快，可以满足通道客流控制实时性要求，将本章通道客流控制模型与视频监控，无线传输以及图像识别等智能技术相结合，可以实现车站通道客流的智能控制，从而提高城市轨道交通车站步行通道，楼梯等设施的通过能力和服务水平。

本章参考文献

[1] Greenshields B D, Bibbins J R, Channing W S, et al. A study of traffic capacity[C]// Highway research board proceedings. Washington, USA, 1935, 14（1）, 448-477.

[2] Wong S C, Leung W L, Chan S H, et al. Bidirectional pedestrian stream model with oblique intersecting angle[J]. Journal of transportation Engineering, 2010, 136（3）: 234-242.

[3] Drake J S, Schofer J L, May Jr A D. A statistical analysis of speed-density hypotheses. in vehicular traffic science[J]. Highway Research Record, 1967, 154:112-117.

[4] Greenberg H. An analysis of traffic flow[J]. Operations research, 1959, 7（1）: 79-85.

[5] Burns J A, Kang S. A control problem for Burgers' equation with bounded input/output[J]. Nonlinear Dynamics, 1991, 2（4）: 235-262.

第9章 基于服务水平的城市轨道交通车站客流集散分层控制

通道客流控制模型只能解决单个设施客流拥堵问题，因其忽略了其他相邻通道的影响，在控制过程中需要同时控制客流流量和乘客速度，在通道数量较多时会增加控制难度，控制模型的计算时间和控制人员的工作量，不易用于车站集散网络的客流实时控制。为了能够控制地铁车站集散网络客流，本章基于元胞传输模型建立了城市轨道交通车站客流集散解析模型，进而提出面向服务管理的车站集散客流控制模型，并通过案例计算证明模型的有效性。本章主要对城市轨道交通车站客流控制实施过程中的第三步客流控制模型进行研究，该控制模型主要包括两部分：第一部分为网络客流控制模型，第二部分为局部客流控制模型。

9.1 车站集散客流解析模型

在构建城市轨道交通车站集散客流控制模型之前，需要建立车站集散客流解析模型。由于直接模拟偏微分方程所控制的网络客流演变过程非常困难，许多学者提出了连续流体力学模型的离散实现方法，其中最为经典的是Daganzo的元胞传输模型（CTM）。元胞传输模型在道路交通流中应用最为广泛，主要应用于交通流模拟和道路网络效率评价，CTM在行人流模拟中得到部分应用。相比其他微观模型，CTM的计算效率和准确率较高。由于传统元胞传输模型要求每个元胞长度一致，Laura Muñoz又提出了改进元胞传输模型（MCTM），MCTM不再要求元胞长度一致，扩大了模型的应用范围。因此，本章将车站中每个设施视为一个元胞，采用MCTM模拟车站中客流演变过程。

根据设施布局和客流流动方向，可以将客流集散网络抽象为由点和线组成的网络。令集散网络为$G(V, A)$，V表示节点集，在车站中为设施连接处和点状设施，其中包括闸机、站台、通道与通道以及通道与扶梯连接处；A表示边的集合，在车站中为段状设施的集合，其中包括通道、楼梯和扶梯等设施。令L_a和W_a分别为设施a的长度和宽度；令设施a的乘客密度为ρ_a；令设施a的阻塞密度为ρ_a^m。那么，集散网络中设施的乘客密度满足：

$$0 \leqslant \rho_a \leqslant \rho_a^{\mathrm{m}} \tag{9-1}$$

令v_a^{f}为设施a的乘客自由走行速度，那么设施a的乘客走行速度v_a满足：

$$0 \leqslant v_a \leqslant v_a^{\mathrm{f}} \tag{9-2}$$

根据流量、速度和密度的关系：

$$v_a = v_a^{\mathrm{f}} f(\frac{\rho_a}{\rho_a^{\mathrm{m}}}), q_a = W_a \rho_a v_a \tag{9-3}$$

其中$\lim_{x \to 0} f(x) = 1, \lim_{x \to 1} f(x) = 0$，$\rho_a^{\mathrm{m}}$为设施$a$的最大乘客密度，式（9-3）表示设施$a$中客流密度、速度和流量的基本关系。

对于车站某设施a，令q_a^{i}为设施a的乘客瞬时流入量，q_a^{o}为设施a的乘客瞬时流出量。令$\dot{\rho}_a$为设施的密度关于时间的导数，那么：

$$\dot{\rho}_a = \frac{q_a^{\mathrm{i}} - q_a^{\mathrm{o}}}{L_a W_a} \tag{9-4}$$

根据设施客流特点，可以将客流集散设施划分为无源设施、聚集设施和集散设施。无源设施是指在时间t无乘客进入只有乘客离开的设施，即$q_a^{\mathrm{i}} = 0 \& q_a^{\mathrm{o}} > 0$；聚集设施是指在时间$t$只有乘客进入无乘客离开的设施，即$q_a^{\mathrm{i}} > 0 \& q_a^{\mathrm{o}} = 0$；集散设施指在时间$t$同时有乘客进入和离开的设施，即$q_a^{\mathrm{i}} > 0 \& q_a^{\mathrm{o}} > 0$。同一设施在不同时刻所属的设施类型不同。如站台在列车停车时间内，乘客可以上下车，属于集散设施，但在其他时间内，无乘客上下车，属于聚集设施。

9.1.1　模型建立

客流集散的解析模型是对集散网络中客流流动过程的一种数学描述，能够帮助预测客流在集散网络中的分布状态和拥堵传播过程。为描述建立客流集散解析模型，需要确定式（9-4）中状态变量q_a^{i}和q_a^{o}。

在无客流控制措施情况下，由于乘客急于赶往车站内目的设施，乘客总是以最大允许流量进入设施并以最大允许流量离开设施，因而需求得无控制下设施a最大客流流出量q_a^{mi}和q_a^{mo}，其值由设施a的客流发送能力和其下游设施b的接收能力决定。

令ρ_a^{c}为设施a的临界密度，临界密度将行人流基本图分为拥挤状态和自由流状态。在自由流状态下，客流密度的增加会使得设施内客流流量增加，而在拥挤状态下，客流密度的增加使得设施内客流量减少。因此，在临界密度点ρ_a^{c}，设施a的客流量最大并表示为q_a^{m}。

定义4：基于行人流基本图和连续流体力学模型，设施的客流流入能力为单位时间内进入设施的最大人数，设施的客流流出能力为单位时间内离开设施的最大人数。

那么，设施a的客流流出能力q_a^{hoc}：

$$q_a^{hoc} = \begin{cases} q_a, & \text{if } \rho_a \leqslant \rho_a^c \\ q_a^m, & \text{otherwise} \end{cases} \tag{9-5}$$

式（9-5）表示在自由流状态（$\rho_a \leqslant \rho_a^c$）下，设施$a$的客流流出能力由客流量$q_a$决定，但在拥挤状态（$\rho_a > \rho_a^c$）下，设施$a$的客流流出能力为最大流量$q_a^m$。

下游设施b的客流流入能力q_b^{hic}为：

$$q_b^{hic} = \begin{cases} q_b^m, & \text{if } \rho_b \leqslant \rho_b^c \\ q_b, & \text{otherwise} \end{cases} \tag{9-6}$$

式（9-6）表示在自由流状态下设施b的客流流入能力为最大值q_b^m，但在拥挤状态下设施b的客流流入能力由客流量q_b决定。

为了求出无控制下设施a最大客流流出量q_a^{mi}和q_a^{mo}，需要求出设施a的客流发送能力S_a和下游设施b的接收能力R_b。设施a的客流发送能力S_a等于设施a的最大流出能力q_a^{hoc}和设施a的乘客数量N_a中的最小值，即：

$$S_a = \min(N_a, q_a^{hoc}) \tag{9-7}$$

设施b的客流接收能力R_b等于设施b的客流流入能力q_b^{hic}和设施b的剩余能力M_b中的最小值，即：

$$R_b = \min(q_b^{hic}, M_b) \tag{9-8}$$

其中设施b的剩余能力M_b为设施b目前乘客数量N_b与最大容纳人数$C_b = \rho_b^m L_b W_b$的差值，即$M_b = C_b - N_b$。

设施a最大客流流出量q_a^{mo}等于设施a客流发送能力S_a和下游设施b的客流接收能力R_b的最小值。那么，设施a最大客流流出量：

$$q_a^{mo} = \min(S_a, R_b) \tag{9-9}$$

式（9-9）为设施串联结构中（图9-1（a））两边相接情况下客流量的计算公式，但在集散网络中存在汇流和分流节点，如图9-1所示。串联结构中两个相接设施的客流量是以最大化客流量为前提，汇流结构（图9-1（b））和分流结构中不同设施间的客流量也不例外。

对于汇流结构（图9-1（b）），设施a、b和c之间的客流流量可通过求解下列线性规划问题求出：

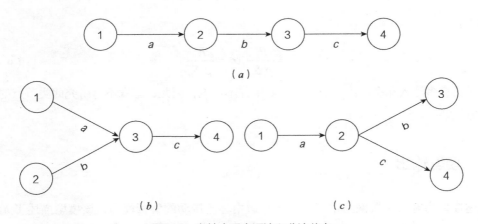

图9-1　车站中乘客汇流和分流节点
（ a ）串联结构；（ b ）汇流结构；（ c ）分流结构

$$\max \ q^{\mathrm{mo}} = q_a^{\mathrm{mo}} + q_b^{\mathrm{mo}}$$

$$s.t. \begin{cases} q_a^{\mathrm{mo}} \leqslant S_a \\ q_b^{\mathrm{mo}} \leqslant S_b \\ q_a^{\mathrm{mo}} + q_b^{\mathrm{mo}} \leqslant R_c \end{cases} \tag{9-10}$$

根据式（9-10），目标函数$q^{\mathrm{mo}} = \min(S_a + S_b, R_c)$。如果设施$c$的客流接收能力大于总客流发送能力$S_a+S_b$，那么设施$a$、$b$的乘客可以顺利进入设施$c$，但当如果设施$c$的客流接收能力不足时，设施$c$的客流接收能力按照比例分别分配至设施$a$、$b$。令能力削减系数：

$$\alpha = \frac{R_c}{S_a + S_b} \tag{9-11}$$

那么：

$$\begin{aligned} q_a^{\mathrm{mo}} &= \min(1, \alpha)S_a \\ q_b^{\mathrm{mo}} &= \min(1, \alpha)S_b \end{aligned} \tag{9-12}$$

对于分流结构（图9-1（c）），令p_b、p_b分别为乘客选择设施b和设施c的比例。那么：

$$q_a^{\mathrm{mo}} = q_{ab}^{\mathrm{mo}} + q_{ac}^{\mathrm{mo}} \leqslant S_a, q_{ab}^{\mathrm{mo}} = p_b q_a^{\mathrm{mo}} \leqslant R_b, q_{ac}^{\mathrm{mo}} = p_c q_a^{\mathrm{mo}} \leqslant R_c \tag{9-13}$$

根据上式可求得设施a的最大客流流出量为：

$$q_a^{\mathrm{mo}} = \min\left(S_a, \frac{R_b}{p_b}, \frac{R_c}{p_c}\right) \tag{9-14}$$

设施a流向设施b和c的最大客流量分别为：

$$\begin{aligned} q_{ab}^{\mathrm{mo}} &= \min(1, \alpha_1, \alpha_2)p_b S_a \\ q_{ac}^{\mathrm{mo}} &= \min(1, \alpha_1, \alpha_2)p_c S_a \end{aligned} \tag{9-15}$$

其中：

$$\alpha_1 = \frac{R_b}{p_b S_a}, \alpha_2 = \frac{R_c}{p_c S_a} \tag{9-16}$$

对于具有多流入和多流出的节点，车站中并不常见，因此，本章不再研究此类节点的客流量计算方法。

9.1.2　模型输出

上述模型为客流集散网络中任意节点和边中客流流动的解析模型，该模型描述了无控制下车站客流演变规律，同时可以根据实时感知的设施内客流数据预测无控制下车站集散客流分布状态，如每个设施中客流流量，密度和速度等。车站设施客流密度可根据式（9-4）更新，车站各设施客流量根据式（9-9）~式（9-16）更新，车站各设施乘客速度可根据式（9-3）更新。

车站平均服务时间是评价车站服务水平的重要指标，是所有乘客服务时间的平均值。定义时间t的到达乘客为在时间t到达车站的乘客，包括进站乘客，下车乘客等；定义时间t的离开乘客为在时间t离开车站的乘客，包括乘车乘客和出站乘客。由于进站客流乘车速率并不连续，在时间t到达车站的乘客服务时间可由累计乘客到达数量$N_a(t)$和累计乘客离开数量$N_d(t)$曲线获得。

如图9-2所示为累计乘客到达数量$N_a(t)$和累计乘客离开数量$N_d(t)$曲线，假设乘客在时刻t_1到达，当时间$t=t_2$时，$N_d(t_2)=N_a(t_1)$说明在时刻t_1到达的乘客在时刻t_2离开，因此该乘客的服务时间$T_s(t_1)=t_2-t_1$。

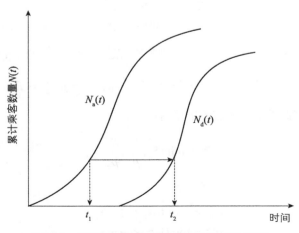

图9-2　累计乘客到达数量和累计乘客离开数量

根据上述乘客服务时间T_s与累计乘客到达数量$N_a(t)$和累计乘客离开数量$N_d(t)$的关系分析，可得在时刻t到达的乘客的服务时间为：

$$T_s(t) = N_d^{-1}(N_a(t)) - t \qquad\qquad (9-17)$$

那么，车站平均服务时间T_s^a为：

$$T_s^a = \frac{\int_0^T T_s(t)\mathrm{d}t}{N_a(T)} \qquad\qquad (9-18)$$

9.2　车站集散客流网络控制模型

9.2.1　控制目标

车站实施客流控制的目的，一是使车站满足一定的服务水平，客流服务水平常常采用客流密度表示，如表9-1所示，每个服务水平所对应的行人密度范围。控制模型的控制目标为特定级别服务水平，比如控制之前服务水平为F级，控制目标定为E级。二是提高设施的通过能力和利用水平。因此，结合上述两点控制要求，对于每个级别的服务水平，需要选取其中使得流量最大的密度值作为状态控制目标。令目标服务水平的设施客流密度范围为$[\rho_a^l, \rho_a^u]$，根据行人流基本图特点，目标密度ρ_a^t计算方法如下：

$$\rho_a^t = \begin{cases} \rho_a^u, & \text{if}\,\rho_a^u \leqslant \rho_a^c \\ \rho_a^c, & \text{if}\,\rho_a^l \leqslant \rho_a^c \leqslant \rho_a^u \\ \rho_a^l, & \text{otherwise} \end{cases} \qquad (9-19)$$

设施服务水平分级　　　　　　　　表9-1

服务水平分级	密度（人/m²）		
	等待类设施	走行类设施	
		通道	楼梯
A	≤0.8	≤0.31	≤0.53
B	0.8~1.08	0.31~0.43	[0.53, 0.71]
C	1.08~1.54	0.43~0.72	[0.71 1.11]
D	1.54~3.5	0.72~1.08	[1.11 1.43]
E	3.5~5.38	1.08~2.15	[1.43, 2.5]
F	>5.38	>2.15	>2.5

采用8.1节提出的车站客流集散模型可以预测未来设施客流密度，如果预测密度不能满足服务水平要求，需要实施客流控制。那么令：

$$\dot{\rho}_a = -k_a(\rho_a - \rho_a^t) \qquad (9-20)$$

可以使得设施a中的客流密度指数收敛于目标密度ρ_a^t，其中$k_a > 0$为控制增益，将式（9-20）与式（9-4）联立得出：

$$\frac{q_a^i - q_a^o}{L_a W_a} = -k_a(\rho_a - \rho_a^t) \qquad (9-21)$$

对于集散设施，式（9-21）成立，但对于无源设施，即$q_a^{mi}=0$时，客流控制目标为使得设施内乘客顺利通过，即客流密度控制目标为0。因此：

$$\frac{q_a^i - q_a^o}{L_a W_a} = -k_a(\rho_a - \sigma\rho_a^t) \qquad (9-22)$$

其中$\sigma = \begin{cases} 1, q_a^{mi} > 0 \\ 0, q_a^{mi} = 0 \end{cases}$

令a为站台，对于站台而言，由于乘车客流的不连续性，需要在不同阶段设定不同的客流控制目标。在乘车阶段，$q_a^{mo} > 0$，站台为集散设施，站台客流密度的控制目标设为0；在乘客候车阶段，$q_a^{mo}=0$，站台为聚集设施，站台客流的控制目标为ρ_a^t。因此，对于站台客流控制：

$$\frac{q_a^i - q_a^o}{L_a W_a} = \begin{cases} -k_a(\rho_a), \text{if } q_a^{mo} > 0; \\ -k_a(\rho_a - \rho_a^t), \text{ otherwise} \end{cases} \qquad (9-23)$$

式（9-23）保证站台密度在始终小于ρ_a^t。模型中的控制变量为设施(t, h)的乘客流入量q_a^i流出量q_a^o，对于每个控制变量均存在约束范围。设施a的乘客流出量应小于正常情况下的流出量且大于等于0，即：

$$0 \leq q_a^o \leq q_a^{mo} \qquad (9-24)$$

式（9-22）和式（9-23）共同组成车站客流状态的线性反馈控制的等式约束，式（9-24）为车站客流状态反馈控制中控制变量的约束范围。

9.2.2　控制模型

根据服务水平要求，本章需将客流控制至目标密度，并使得车站单位时间内所服务的乘客数量最大化，即单位时间内车站客流流出量最大化。根据定理1和定理2的证明过程，同理可以证明：最大化车站客流流出量等价于最大化车站客流流入量。令q_{in}为车站客流流入量，客流流入量包括进站客流量和下车客流量，根据集散客流演变解析模型，构建如下的线性规划模型：

$$\max q_{\text{in}}$$

$s.t.$等式：式（9-22）~式（9-23）， （9-25）
约束：式（9-24）

线性规划模型（9-25）的解即为下一时刻每个设施的客流控制流入量q_a^i和流出量q_a^o。由于控制变量存在约束范围，控制增益过大可能会导致线性规划无解。在取值过大时，可以求出满足式（9-22）和式（9-23）的非可行解q_a^i流出量q_a^o，可以找到一个参数$\omega > 0$使得q_a^i/ω、q_a^o/ω满足约束式（9-24）。根据模型（9-25）的线性特点，k_a相应调整为k_a/ω即可满足所有约束条件。以上调整过程与通道客流控制增益调整过程相同，因此，DK控制策略同样适用于车站客流集散控制。

9.3 车站集散客流局部控制模型

网络控制模型假设通道中客流分布均匀，通道内客流密度处处相等，但网络控制的最小单元为设施，无法控制通道内部客流分布情况，因而有可能导致通道内客流密度分布不均匀，有违前提假设条件。因此，需要对车站设施的客流实施局部控制。局部客流控制与通道客流控制类似，将通道分成n个具有相同长度l_a的分通道。令q_a^i为通道a第i分通道的客流密度，根据式（8-16），q_a^i关于时间的导数$\dot{q}_a^i$可表示为：

$$\dot{\rho}_a^1 = \frac{q_a^i - W_a \rho_a^1 v_a^1 f(\frac{\rho_a^1}{\rho_a^m})}{l_a W_a}$$

$$\dot{\rho}_a^i = \frac{W_a \rho_a^{i-1} v_a^{i-1} f(\frac{\rho_a^{i-1}}{\rho_a^m}) - W_a \rho_a^i v_a^i f(\frac{\rho_a^i}{\rho_a^m})}{l_a W_a}, \text{for} 1 < i < n \quad （9-26）$$

$$\dot{\rho}_a^n = \frac{W_a \rho_a^{n-1} v_a^{n-1} f(\frac{\rho_a^{n-1}}{\rho_a^m}) - q_a^o}{l_a W_a}$$

如果通道内客流分布不均匀，需要施加客流控制措施以使得分通道之间客流密度之差D^i为0。对于通道a，令D_a^i为分通道i和$i+1$客流密度之差，即：

$$D_a^i = \rho_a^i - \rho_a^{i+1} \quad （9-27）$$

令$\dot{D}_a^i$为D_a^i关于时间的导数，为了实现D_a^i指数收敛于0，可令：

$$\dot{D}_a^i = -k_a^i D_a^i \quad （9-28）$$

其中，k_a^i为大于0的控制增益。将式（9-26）带入式（9-28）得：

$$\frac{q_a^i - W_a\rho_a^1 v_a^1 f(\frac{\rho_a^1}{\rho_a^m}) - (W_a\rho_a^1 v_a^1 f(\frac{\rho_a^1}{\rho_a^m}) - W_a\rho_a^2 v_a^2 f(\frac{\rho_a^2}{\rho_a^m}))}{l_a W_a} = -k_a^1(\rho_a^1 - \rho_a^2)$$

$$\frac{W_a\rho_a^{i-1} v_a^{i-1} f(\frac{\rho_a^{i-1}}{\rho_a^m}) - W_a\rho_a^i v_a^i f(\frac{\rho_a^i}{\rho_a^m}) - (W_a\rho_a^i v_a^i f(\frac{\rho_a^i}{\rho_a^m}) - W_a\rho_a^{i+1} v_a^{i+1} f(\frac{\rho_a^{i+1}}{\rho_a^m}))}{l_a W_a} = -k_a^i(\rho_a^i - \rho_a^{i+1}) \quad （9-29）$$

$$\frac{W_a\rho_a^{n-2} v_a^{n-2} f(\frac{\rho_a^{n-2}}{\rho_a^m}) - W_a\rho_a^{n-1} v_a^{n-1} f(\frac{\rho_a^{n-1}}{\rho_a^m}) - (W_a\rho_a^{n-1} v_a^{n-1} f(\frac{\rho_a^{n-1}}{\rho_a^m}) - q^o)}{l_a W_a} = -k_a^{n-1}(\rho_a^{n-1} - \rho_a^n)$$

在上式中，乘客走行速度v_a^i未知，而其他变量均可从网络控制模型得出，可通过求解上式中$n-1$个线性等式，求得$n-1$个未知量v_a^i，$i=1,2,\dots n-1$，从而使得通道内客流分布均匀。根据式（9-29），v_a^n不在局部控制变量中，这样可以为通道提供足够的客流发送能力，进而保证式（9-25）中变量约束范围的正确性。

综上，车站集散客流的网络控制模型可通过控制设施客流的流入量，从而保障设施内总人数符合服务水平要求，但无法保障设施内客流分布均匀。局部客流控制模型以网络控制模型的解作为输入，通过调整乘客瞬时走行速度实现设施内客流分布均匀，从而满足网络控制模型的前提假设。因此，车站集散客流的网络控制模型与局部控制模型相互依赖，共同组成城市轨道交通车站客流集散分层控制模型，见图9-3。

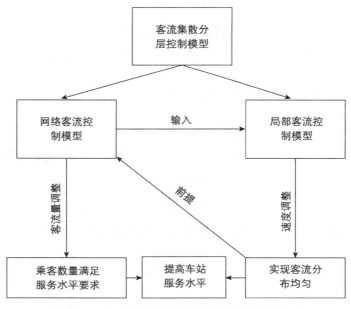

图9-3 网络客流控制模型与局部客流控制模型关系

9.4　案例分析

9.4.1　车站网络结构和参数

以北京地铁北京站为例，对车站的进站客流进行控制。该站有A、B、C、D共4个进出站口，其中A、B为进出站口，C为出站口，D为进站口。地铁北京站进站客流流线如图9-4所示。地铁北京站内部设施参数如表9-2所示。

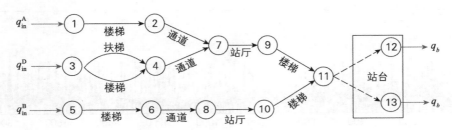

图9-4　地铁北京站乘客进站流线

地铁北京站内部设施参数　　　　　　　　　表9-2

楼梯	宽度（m）	长度（m）	基本图	拟合优度
（1，2）	2.8	20.26	$V = 0.9\exp[-(\frac{56.7\rho-1}{75})^{1.6}]$	$R^2=0.85$
（3，4）				
（5，6）				
（9，11）	5.8	14.5		
（10，11）				
通道	宽度（m）	长度（m）	基本图	拟合优度
（2，7）	3.9	15	$V = 1.2\exp[-(\frac{58.5\rho-1}{109})^{1.3}]$	$R^2=0.88$
（4，7）				
（6，8）				
站厅	宽度（m）	长度（m）	基本图	拟合优度
（7，9）	10	15	$V = 1.2\exp[-(\frac{58.5\rho-1}{109})^{1.3}]$	$R^2=0.88$
（8，10）	10	15		
站台	宽度（m）	长度（m）	基本图	拟合优度
（11，12）+（11，13）	10	100	—	—

　　根据客流解析模型模拟客流演变过程，假设每个进站口乘客到达规律服从泊松分布，令A、B和D口的乘客到达率分别为$q_{in}^{A}=1.2$、$q_{in}^{B}=0.5$、$q_{in}^{D}=1.5$，q_{in}^{A}、q_{in}^{B}、q_{in}^{D}均小于地铁北京站每个口的最高乘客到达率[1.77，2.07，2.48]，远没有达到该车站的最大集散能力，因此，车站的客流到达率可作为一种客流需求情景进行研究。图9-5为随机生成的进站口A、B和D的客流到达分布图。列车到达间隔为165s，停车时间为30s。根据调查分析，扶梯运行速度为0.65m/s，岛式站台最大乘车速率q_{b}=130人/s。

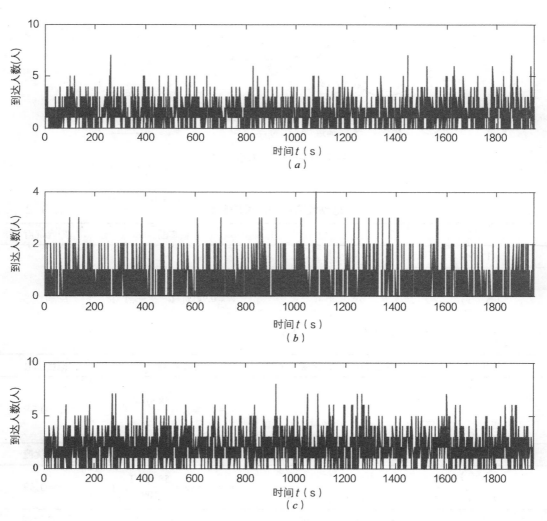

图9-5　客流到达分布
（a）A口到达人数；（b）B口到达人数；（c）D口到达人数

9.4.2 网络客流控制结果

假设通过客流感知设备获取每个设施的初始密度均为0.5人/m²。图9-6为32.5min内不同进站设施客流密度变化，据图9-6可知，进站流线A和D中的设施密度逐渐增加至较高的密度，最大密度发生在站厅（7,9），达到5.3343人/m²，随后客流拥挤传播至上游设施。由于进站流线B中的进站楼梯的客流限制作用，流线B中设施密度则一直保持在较低的状态。根据表9-1、表8-3中设施服务水平分级标准，楼梯（1,2）和（3,4）、通道（2,7）和（4,7）、站厅（7,9）服务水平都达到F级（如表9-3所示），服务水平较低，容易发生危险。因此，有必要对进站流线A和D的客流进行控制。

根据8.2节中的客流控制模型，构建进站流线A和D的客流控制模型（matlab代码见附录），密度控制目标如表9-3所示，客流控制模型平均计算时间为15.7s，可满足实时性要求。客流控制结果如图9-7所示，在客流控制下，车站各设施密度迅速收敛于目标密度。在稳定状态下，进站流线A和D中设施客流密度均大幅下降，服务水平大幅提高。

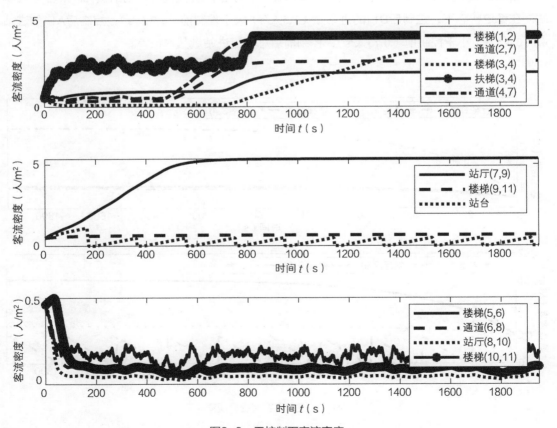

图9-6 无控制下客流密度

车站设施客流的控制目标   表9-3

设施	密度		服务水平	
楼梯	无控制	控制目标	无控制	控制目标
（1,2）	1.9477	1.0805	F	C
（3,4）	3.7825	1.0805	F	C
（9,11）	0.6691	0.6691	B	B
通道	无控制	控制目标	无控制	控制目标
（2,7）	2.6162	0.9679	F	D
（4,7）	4.1293	1.5267	F	E
站厅	无控制	控制目标	无控制	控制目标
（7,9）	5.3343	1.5267	F	E
站台	无控制	控制目标	无控制	控制目标
（11,12）+（11,13）	1.2054	1.2054	C	C

如图9-8所示为控制前后客流进站量对比，在初始阶段，客流控制措施限制乘客进入车站；在稳定状态下，控制后D口的进站量（1.5人/s）大于控制前（1.2人/s），控制后A口的进站量（0.4人/s）小于控制前（0.75人/s），控制前后总客流进站量基本相等。

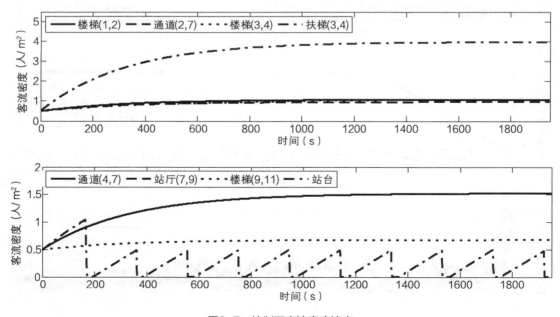

图9-7 控制下客流密度演变

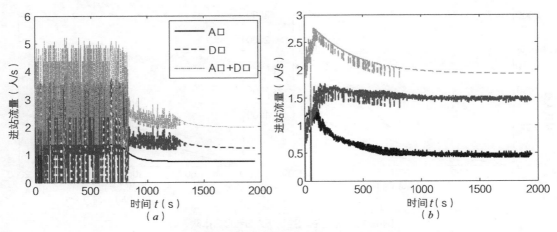

图9-8　无控制和控制下的进站客流量（控制方案）
（a）无控制；（b）控制

图9-9为在无控制和控制下车站内设施的乘客流入量。在控制稳定状态下，通道（2,7）的乘客流入量为0.5人/s左右，通道（2,7）的乘客流入量为1.5人/s左右，站厅（7,9）和楼梯（9,11）的乘客流入量为1.9人/s左右。图9-9（b）和图9-8（b）共同组成了车站集散网络客流控制方案。

根据无控制下和控制下客流量可得客流控制人数，如图9-10所示，无控制下A口和D口总排队人数为1743人，而在控制下A口和D口的总排队人数为2837人。因此，为了能够提高车站服务水平，与无控制下客流相比，在客流控制下1094名乘客不能在该时段进入车站。

根据式（9-18）计算车站平均服务时间，无控制下，车站平均服务时间为866s，而控制下车站平均服务时间为925s，增加59s，增加比例为6.8%。在车站平均服务时间中，无控制下和控制下的乘客站外等待时间分别为207s和625s，乘客在车站内走行时间分别为659s和300s。因

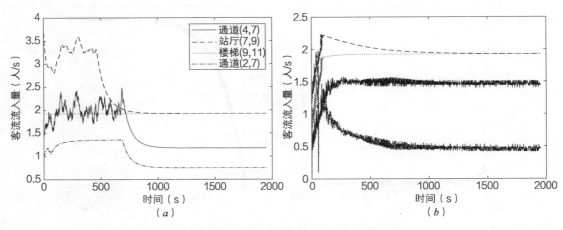

图9-9　无控制和控制下车站内设施乘客流入量
（a）无控制；（b）控制

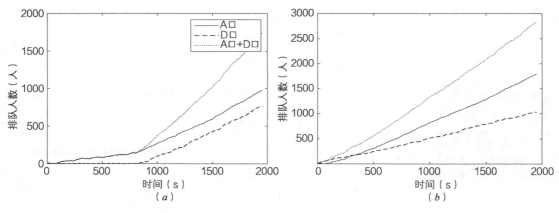

图9-10　无控制和控制下A口和D口排队人数
（a）无控制；（b）控制

此，在施加客流控制后，乘客在站外等候时间延长，但站内走行时间缩短。总体来说，在乘客不选择其他交通方式的假设下，为满足车站服务水平要求，客流控制下车站平均服务时间有少量增加，但仍在可接受范围内。

9.4.3　局部客流控制结果

在网络控制模型中，通道等设施是最小控制单元，仅通过调整通道两端乘客流出量和流入量可能导致客流分布不均。以通道（2,7）为例，将此通道分成5段分通道，每个分通道长3m。

图9-11为在无局部客流控制和局部控制下通道（2,7）各个分通道客流密度的控制结果。据图9-11（a）可知，通道（2,7）中客流分布并不均匀，末端分通道的客流密度高而其他分通

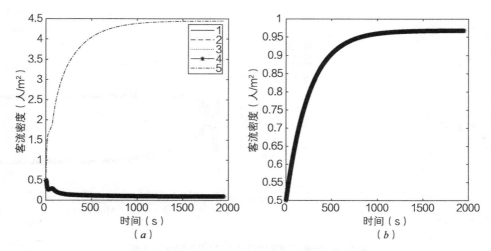

图9-11　无局部控制和局部控制下通道（2,7）分通道客流密度的变化
（a）无局部控制；（b）局部控制

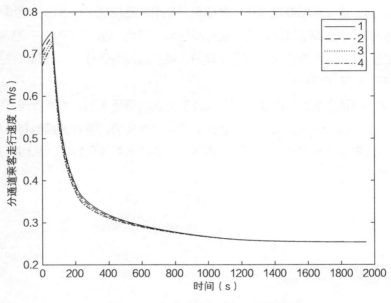

图9-12　通道（2,7）各分通道控制速度

道客流密度低，乘客迅速聚集于通道末端，这与网络客流控制模型的假设前提相违背。因此，局部客流控制是非常必要的。

图9-11（b）为在局部客流控制下通道（2,7）各个分通道客流密度的控制结果。据图可知，通过实时局部客流控制策略，通道（2,7）中客流分布均匀，满足网络客流控制模型的前提条件。

图9-12为局部客流控制下通道（2,7）各分通道乘客的控制速度，即局部客流控制方案，为了实现通道内客流分布均匀，通道（2,7）起始控制速度较低，并且各分通道控制速度也不相同。随着时间增加逐渐收敛至0.2～0.3m/s，最后各分通道乘客速度相等。据此可知，局部客流控制方案中并未涉及分通道5的乘客速度的控制，从而保证了通道（2,7）有足够的客流发送能力。

综上，由网络客流控制模型和局部客流控制模型组成的城市轨道交通车站客流分层控制模型可以实现面向服务水平的客流控制，并且将该模型与现有客流感知技术相结合，可实现车站客流集散智能化控制，从而提高车站客流控制水平和效率。

9.5　本章小结

针对地铁车站客流控制问题，本章首先建立了基于改进元胞传输模型的车站集散客流演变模型，采用状态方程形式描述车站内设施客流密度随时间的变化；然后根据车站服务水平要求制定客流控制目标，建立车站客流网络控制模型，提出满足模型可行解的控制增益调整方法。然而网络控制模型并不能保证设施内的客流分布均匀，因此，基于通道客流演变模型，建立局部客流控制模型，从而保证设施内客流分布均匀。最后通过案例分析，证明该模型可有效实现客流的实时控制，提高了设施服务水平。

　　该模型依赖于客流密度的实时获取和客流控制方案的准确实施。本章所建立的客流控制模型的求解计算速度较快，可以满足车站客流控制的实时性要求，将本章模型与视频监控、无线传输以及图像识别等智能技术相结合，可以实现车站客流的智能化控制，从而提高车站的管理水平和工作效率。

本章参考文献

[1] Xu X, Liu J, Li H, et al. Capacity-oriented passenger flow control under uncertain demand: Algorithm development and real-world case study[J]. Transportation Research Part E: Logistics and Transportation Review, 2016, 87: 130-148.

[2] Hänseler F S, Bierlaire M, Farooq B, et al. A macroscopic loading model for time-varying pedestrian flows in public walking areas[J]. Transportation Research Part B: Methodological, 2014, 69: 60-80.

[3] Nikolić M, Bierlaire M, Farooq B, et al. Probabilistic speed-density relationship for pedestrian traffic[J]. Transportation Research Part B: Methodological, 2016, 89: 58-81.

[4] Zhong R X, Sumalee A, Pan T L, et al. Stochastic cell transmission model for traffic network with demand and supply uncertainties[J]. Transportmetrica A: Transport Science, 2013, 9（7）: 567-602.

第10章

总结与展望

10.1 主要工作总结

本书以城市轨道交通车站为对象，在以往研究的基础上，率先提出了面向车站智能管控的客流控制模型与方法，建立了基于不确定交互理论的导向标识布设模型和车站集散客流优化控制模型。本书主要工作如下：

1. 轨道交通车站客流集散优化控制基本框架

城市轨道交通车站可描述为由基础设施、导向服务和客流组织组成的有向客流集散网络，由于基础设施改造扩建成本大，车站客流集散优化控制对象主要集中在导向服务层和客流组织层，因此本书提出包含导向标识布设和客流控制等内容的车站客流集散优化控制基本框架。导向服务优化设置可以在车站无向基础设施网络加载有向集散客流，使之成为车站客流集散网络。车站客流控制可以通过控制客流流量满足车站的服务管理要求，上述两者的结合可以实现车站客流的有序集散，提升车站整体的服务水平。

2. 建立车站导向标识系统设计模型，方便乘客寻路，提高集散效率

城市轨道交通车站客流的顺利出站和换乘需要导向标识提供有效的引导服务。本书对于车站导向标识系统的布局方法进行了研究。首先根据导向标识的服务特点，基于乘客与导向标识交互的影响因素分析，建立了乘客标识的交互模型，提出了标识序化效能的量化模型法和乘客导向需求的计算方法；进而建立了车站导向标识的布设模型，并以地铁站台出站导向标识布局为例证明该模型可以提供标识设置的最优位置和数量。

为了适应网络化客流的集散引导需求，根据乘客寻路特点建立了基于特征融合的车站导向服务网络设计模型，提出了模型的求解算法，模型不仅可以得出标识安装位置，还能得出标识安装角度和引导信息配置策略。

3. 建立车站通道客流控制模型与方法，提高通道通行能力

基于目前车站客流控制的盲目性，结合经典反馈控制理论和客流演变规律，建立适合单、双向通道客流控制模型。本书所建立的车站通道客流控制模型通过调整通道乘客进入量和乘客平均速度实现通道客流量最大，并且根据模型线性特点提出静态增益控制策略和动态增益控制策略。通过案例分析证明了通道客流控制模型的有效性以及通道内不同方向客流隔离的科学性。

4. 建立车站集散客流控制模型，提高了车站服务水平

为了实现车站集散客流优化控制，本书建立了面向服务水平的集散客流分层控制模型，该模型包含网络客流控制模型和局部客流控制模型。网络控制模型可通过控制客流流入量使得设施乘客数量满足服务水平要求，而局部控制模型可以通过调整乘客平均速度实现设施内客流的均衡分布。该控制模型可为车站工作人员提供客流控制的决策依据，同时也促进车站客流控制向着智能化方向发展，为智能车站的建设奠定理论基础。

10.2 创新性工作总结

本书以城市轨道交通车站为研究对象，在以往研究的基础上，率先提出了面向车站智能管控的客流控制模型与方法，建立了导向标识布设模型。本书主要创新点如下：

1. 车站导向标识布设模型

将乘客与导向标识的交互分为标识感知、信息决策和方向决策三个有序阶段，并分析了每个阶段中影响乘客与导向标识交互的影响因素，率先建立了乘客与标识的交互模型。基于交互模型建立了车站导向标识的布设模型，该模型为0-1选址模型，不仅可以得出标识地最优位置和数量，也可以获得标识安装角度。由于本书模型融合了影响乘客与标识地微观交互的各种影响因素，该模型可以成为导向标识设置的普适模型。

2. 车站通道客流线性反馈控制模型与方法

本书首先根据行人微观模型推导行人流基本图，实现微观行人移动和宏观行人流现象的统一。由于客流密度沿通道分布不同，借鉴分布参数系统空间离散化思想，将通道分成多个分通道并建立了分通道之间的客流流动关系，进而构建了基于流量守恒定律的单向和双向通道客流演变模型。基于行人流基本图提出通道客流量最大化的控制目标，建立基于状态反馈的通道客流控制模型。模型计算效率较高，控制效果较好，而且动态增益控制策略的控制效率高于静态增益控制策略。

3. 面向乘客服务需求的车站集散客流分层反馈控制模型和方法

　　面向目前车站集散客流控制需求，基于元胞传输模型建立车站客流集散解析模型，以服务水平为标准提出了车站集散客流控制目标的计算方法，并结合经典反馈控制理论，建立了车站集散客流分层控制模型。该模型主要包括网络客流控制模型和局部客流控制模型。网络客流控制模型通过控制车站设施乘客进入量保证设施乘客数量满足服务水平约束，但因其最小控制单元为设施而不能使得设施内客流分布均匀。为了能够满足网络客流控制模型的前提条件，本书提出局部客流控制模型来调整乘客走行速度使得设施客流分布均匀。最后，将该模型应用于北京地铁北京站客流控制中，结果证明该模型可以求得满足车站服务水平要求的最优进站量。此外，相比于乘客速度控制，通过布设功能设施和管理人员限制乘客进入量相对容易实现，本书中客流集散分层控制模型中的网络客流控制模型更具实际意义。本书控制模型的基础理论为连续流体力学模型，其中流量控制和速度控制可分别对应于道路交通中的匝道交通流和可变限速控制策略。因此，本书所提出的客流控制模型也可为道路交通流控制和管理提供方法借鉴。

10.3　未来展望

　　本书研究主要解决了客流智能控制和导向服务优化问题，由于时间及个人能力等方面原因，本书所研究内容尚有待进一步完善和深入，认为以下四方面有待进一步研究：

1. 基于客流预测的设施优化配置与客流控制相结合的车站集散网络优化方法

　　由于车站处于地下环境，基础设施的扩能改建投资巨大，因此，本书中未对车站设施布局进行优化。在未面对严峻的客流聚集问题时，车站工作人员一般采取客流控制措施缓解客流压力，但当日常客流需求急剧增加并且持续时期较长时，车站设施布局优化成为解决客流拥堵问题的根本性措施。准确的客流预测结果是车站设施服务设施合理配置的依据，集散客流控制是车站服务设施能力充分利用的重要手段。因此，研究基于客流预测结果的车站设施布局与客流控制相结合的车站集散网络优化方法成为下一步工作内容。

2. 多因素影响下的导向标识布局研究

　　本书主要分析了乘客与标识交互的主要影响因素，由于不同乘客与导向标识之间的交互特性不同，因此，乘客与标识交互也受到多种因素的影响。障碍物不仅可以遮挡乘客视线，也会分散乘客的注意力，进一步降低了标识的吸引能力。同时，导向标识易辨性、传递信息的连续性、乘客视力和认知经验以及信息短时记忆能力也会影响其对客流的引导效果。因此，研究多因素影响下的导向标识设置方法成为下一步工作的重点。

3. 不确定条件下车站客流控制模型

本书客流控制模型基于确定的客流演变模型和确定的控制目标。在车站中，设施工作特点和乘客微观特性都是影响客流集散的重要因素。因此，需要建立不确定条件下的客流集散演变模型。本书客流控制模型假设乘客接受并服从控制命令，但与道路交通控制不同，由于尚不存在相应的限制和惩罚措施，乘客并不总是遵照客流控制命令进入各个设施。因此，研究不确定因素下车站客流演变和控制模型并得出有效的客流控制措施成为未来研究的方向。

4. 区域公共交通高聚集客流协同诱导

由于城市轨道交通与其他公共交通一体化衔接，在面临短时高聚集客流时，车站工作人员不仅可以通过客流控制保障车站服务水平，也可通过发布实时车站客流状态信息为乘客提供可选出行方式决策，进而将客流诱导至其他交通方式，减缓车站客流压力的同时更好的服务乘客的出行活动。因此，研究区域公共交通协同运作机理，促进不同交通方式间交通状态信息共享，构建区域公共交通客流协同诱导模型也是未来车站客流管控的主要措施之一。

附　录

1. 单向通道客流控制代码（MATLAB）

```
clear
b1=5;
pm=1;
L=50;
p1(1)=0.2;
p2(1)=0.3;
p3(1)=0.4;
p4(1)=0.7;
p5(1)=0.8;
VF=1.299;
vf=1.299/L;
qm=vf/4;
vf=1.299/L;
vf1(1)=vf;
vf2(1)=vf;
vf3(1)=vf;
vf4(1)=vf;
vf5(1)=vf;
q1(1)=qm;
pcr=0.5;
tic
k=0.04;
kp=-0.9;
for t=2:200
    k=0.2;
    i=1;
    while(i<=10)
        f=[-1,0,0,0,0,0];
```

```
        aeq=[b1,-p1(t-1)*(1-p1(t-1))*b1,0,0,0,0;
        0,p1(t-1)*(1-p1(t-1))*b1,-p2(t-1)*(1-p2(t-1))*b1,0,0,0;
        0,0,p2(t-1)*(1-p2(t-1))*b1,-p3(t-1)*(1-p3(t-1))*b1,0,0;
        0,0,0,p3(t-1)*(1-p3(t-1))*b1,-p4(t-1)*(1-p4(t-1))*b1,0;
        0,0,0,0,p4(t-1)*(1-p4(t-1))*b1,-p5(t-1)*(1-p5(t-1))*b1;];
beq=[-k*(p1(t-1)-pcr),-k*(p2(t-1)-pcr),-k*(p3(t-1)-pcr),-k*(p4(t-1)-pcr),-k*(p5(t-1)-pcr)]';
        Up=[qm,vf,vf,vf,vf,vf];
        [x,FVAL,EXITFLAG]=linprog(f,[],[],aeq,beq,Lu,Up);
        M=max(x'./Up);
        if M>1;
            k=k/(M+0.01);
        else
            break;
        end
    end
    if p1(t-1)==1
        q1(t-1)=0;
    else
        q1(t-1)=x(1);
    end
    vf1(t-1)=x(2);
    vf2(t-1)=x(3);
    vf3(t-1)=x(4);
    vf4(t-1)=x(5);
    vf5(t-1)=x(6);
p1(t)=min(1,p1(t-1)+(q1(t-1)-p1(t-1)*(1-p1(t-1))*vf1(t-1))*b1);
p2(t)=min(1,p2(t-1)+(p1(t-1)*(1-p1(t-1))*vf1(t-1)-p2(t-1)*(1-p2(t-1))*vf2(t-1))*b1);
p3(t)=min(1,p3(t-1)+(p2(t-1)*(1-p2(t-1))*vf2(t-1)-p3(t-1)*(1-p3(t-1))*vf3(t-1))*b1);
p4(t)=min(1,p4(t-1)+(p3(t-1)*(1-p3(t-1))*vf3(t-1)-p4(t-1)*(1-p4(t-1))*vf4(t-1))*b1);
p5(t)=min(1,p5(t-1)+(p4(t-1)*(1-p4(t-1))*vf4(t-1)-p5(t-1)*(1-p5(t-1))*vf5(t-1))*b1);
end
figure(1);
t1=1:t;
```

```
plot(t1,p1,t1,p2,t1,p3,t1,p4,t1,p5);
legend('分通道 1','分通道 2','分通道 3','分通道 4','分通道 5')
xlabel('时间（s）');
ylabel('标准密度')
figure(2)
plot(q1);
xlabel('时间(s)');
ylabel('标准流量(s^{-1})')
figure(3)
t1=1:t-1;
plot(t1,vf1,t1,vf2,t1,vf3,t1,vf4,t1,vf5);
legend('分通道 1','分通道 2','分通道 3','分通道 4','分通道 5')
xlabel('时间(s)');
ylabel('标准速度(s^{-1})')
```

2. 双向通道客流控制代码（MATLAB）

```
clear
b1=5;
pm=1;
L=50;
p1r(1)=0.34;
p2r(1)=0.29;
p3r(1)=0.13;
p4r(1)=0.4;
p5r(1)=0.014;
p5l(1)=0.014;
p4l(1)=0.4;
p3l(1)=0.13;
p2l(1)=0.29;
p1l(1)=0.34;
p1(1)=p1r(1)+p1l(1);
p2(1)=p2r(1)+p2l(1);
p3(1)=p3r(1)+p3l(1);
```

```
p4(1)=p4r(1)+p4l(1);
p5(1)=p5r(1)+p5l(1);
VF=1.299;
vf=VF/L;
vf1r(1)=vf;
vf2r(1)=vf;
vf3r(1)=vf;
vf4r(1)=vf;
vf5r(1)=vf;
vf1l(1)=vf;
vf2l(1)=vf;
vf3l(1)=vf;
vf4l(1)=vf;
vf5l(1)=vf;
a=0.5;
for t=2:400
    if p1(t-1)==1
        q0r(t-1)=0;
    else
        q0r(t-1)=((1-p1l(t-1))^2*(1-2*a*p1l(t-1)))/4*vf;
    end
    if p5(t-1)==1
        q0l(t-1)=0;
    else
        q0l(t-1)=((1-p5r(t-1))^2*(1-2*a*p5r(t-1)))/4*vf;
    end
    p1r(t)=min(1-p1l(t-1),p1r(t-1)+( q0r(t-1)-p1r(t-1)*(1-p1(t-1))*(1-2*a*p1l(t-1))*vf1r(t-1))*b1);
    p1l(t)= min(1-p1r(t),p1l(t-1)+(p2l(t-1)*(1-p2(t-1))*(1-2*a*p2r(t-1))*vf2l(t-1)-p1l(t-1)*(1-p1(t-1))*(1-2*a*p1r(t-1))*vf1l(t-1))*b1);
    p1(t)=p1r(t)+p1l(t);
    if p1(t)==1||p2(t-1)==1
        vf1r(t)=0;
    else
```

```
        vf1r(t)=vf;
    end
    p2r(t)=min(1-p2l(t-1),p2r(t-1)+ (p1r(t-1)*(1-p1(t-1))*(1-2*a*p1l(t-1))*vf1r(t-1)-p2r(t-1)*(1-
p2(t-1))*(1-2*a*p2l(t-1))*vf2r(t-1))*b1);
    p2l(t)= min(1-p2r(t),p2l(t-1)+(p3l(t-1)*(1-p3(t-1))*(1-2*a*p3r(t-1))*vf3l(t-1)-p2l(t-1)*(1-p2(t-
1))*(1-2*a*p2r(t-1))*vf2l(t-1))*b1);
    p2(t)=p2r(t)+p2l(t);
    if p2(t)==1||p3(t-1)==1
        vf2r(t)=0;
    else
        vf2r(t)=vf;
    end
    p3r(t)= min(1-p3l(t-1),p3r(t-1)+(p2r(t-1)*(1-p2(t-1))*(1-2*a*p2l(t-1))*vf2r(t-1)-p3r(t-1)*(1-
p3(t-1))*(1-2*a*p3l(t-1))*vf3r(t-1))*b1);
    p3l(t)= min(1-p3r(t),p3l(t-1)+(p4l(t-1)*(1-p4(t-1))*(1-2*a*p4r(t-1))*vf4l(t-1)-p3l(t-1)*(1-p3(t-
1))*(1-2*a*p3r(t-1))*vf3l(t-1))*b1);
    p3(t)=p3r(t)+p3l(t);
    if p3(t)==1||p4(t-1)==1
        vf3r(t)=0;
    else
        vf3r(t)=vf;
    end
    p4r(t)= min(1-p4l(t-1),p4r(t-1)+(p3r(t-1)*(1-p3(t-1))*(1-2*a*p3l(t-1))*vf3r(t-1)-p4r(t-1)*(1-
p4(t-1))*(1-2*a*p4l(t-1))*vf4r(t-1))*b1);
    p4l(t)=min(1-p4r(t),p4l(t-1)+ (p5l(t-1)*(1-p5(t-1))*(1-2*a*p5r(t-1))*vf5l(t-1)-p4l(t-1)*(1-p4(t-
1))*(1-2*a*p4r(t-1))*vf4l(t-1))*b1);
    p4(t)=p4r(t)+p4l(t);
    if p4(t)==1||p5(t-1)==1
        vf4r(t)=0;
    else
        vf4r(t)=vf;
    end
    p5r(t)= min(1-p5l(t-1),p5r(t-1)+(p4r(t-1)*(1-p4(t-1))*(1-2*a*p4l(t-1))*vf4r(t-1)-p5r(t-1)*(1-
```

```
p5(t-1))*(1-2*a*p5l(t-1))*vf5r(t-1))*b1);
        p5l(t)=min(1-p5r(t),p5l(t-1)+( q0l(t-1)-p5l(t-1)*(1-p5(t-1))*(1-2*a*p5r(t-1))*vf5l(t-1))*b1);
    p5(t)=p5r(t)+p5l(t);
    if p5(t)==1
        vf5r(t)=0;
    else
        vf5r(t)=vf;
    end


    if p5(t)==1||p4(t-1)==1
        vf5l(t)=0;
    else
        vf5l(t)=vf;
    end


    if p4(t)==1||p3(t-1)==1
        vf4l(t)=0;
    else
        vf4l(t)=vf;
    end


    if p3(t)==1||p2(t-1)==1
        vf3l(t)=0;
    else
    vf3l(t)=vf;
    end


    if p2(t)==1||p1(t-1)==1
        vf2l(t)=0;
    else
        vf2l(t)=vf;
    end
```

```
    if p1(t)==1
        vfll(t)=0;
    else
        vfll(t)=vf;
    end
end
t1=1:400;
figure(1)
plot(t1,p1r,t1,p2r,t1,p3r,t1,p4r,t1,p5r);
legend('p1r','p2r','p3r','p4r','p5r');
figure(2)
plot(t1,p1l,t1,p2l,t1,p3l,t1,p4l,t1,p5l);
legend('p1l','p2l','p3l','p4l','p5l');
figure(3)
plot(t1,p1,t1,p2,t1,p3,t1,p4,t1,p5);
legend('p1','p2','p3','p4','p5');
q=q0r+q0l;
figure(4);
plot(q)
figure(5)
plot(t1,vf1r,'k',t1,vf2r,'k--',t1,vf3r,'k:',t1,vf4r,'k-.',t1,vf5r,'k.-');
legend('vf_1^f^r','vf_2^f^r','vf_3^f^r','vf_4^f^r','vf_5^f^r');
xlabel('t');
ylabel('分通道右向标准速度')
figure(6)
plot(t1,vf1l,'k',t1,vf2l,'k--',t1,vf3l,'k:',t1,vf4l,'k-.',t1,vf5l,'k.-');
legend('vf_1^f^l','vf_2^f^l','vf_3^f^l','vf_4^f^l','vf_5^f^l');
xlabel('t');
ylabel('分通道左向标准速度')
```